服務品質與管理

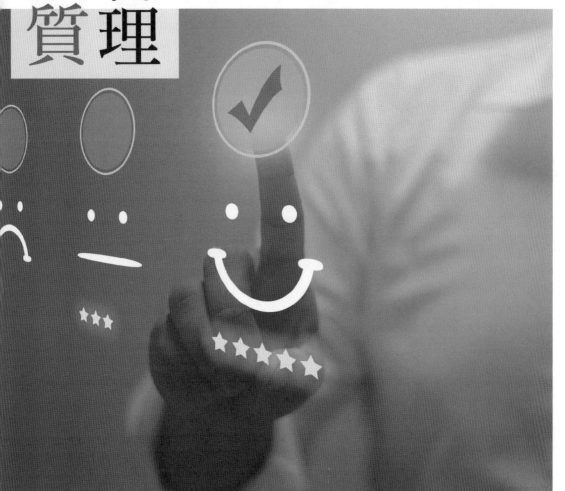

五南圖書出版公司 印行

曾啟芝 著

CONTENTS
目　錄

第一章

緒　論

　　服務業在二十一世紀社會中扮演的角色越來越多元，服務觸角的延伸也更廣泛，就拿與現代人生活息息相關的宅配業務來說，消費者不但對貨物運送的速度要求準時外，貨物運送過程也必須依照物品特性，對不同貨物包材選擇、溫度控制、付費方式即時間的選擇、在在顯示了對消費者體驗服務過程感受的重視；也就是說宅配不僅提供貨物的運送服務，收集服務過程中消費者的體驗感知，對於提供服務的業者，也是改善消費者服務品質的重要資訊，因為服務好與壞的判斷結果來自於消費者感知的過程。

　　以往商業活動中，一家較具規模的組織或企業，對於規劃與經營，向來最能影響業務部門的組織績效表現，而如今，服務部門成為影響公司業務是否能穩定成長的重要因素（Ghobadian et al., 1994）；因為，消費者的需求不斷在變化，一項產品的循環週期越來越短，面對多變的消費市場，了解消費者需求，適應市場快速變動的環境，才能讓公司或企業穩定運作、逐步發展。

　　近來有許多服務消費市場調查的研究數據顯示，消費者對服務的需求成長快速，提供的服務無法滿足消費者期待，趕不上消費者需求變化的速度，組織或企業就會在市場機制中被淘汰離場（Moore，1987；Lewis，1989）；市場的強烈競爭，也正反映在不斷推陳出新的服務方式，不論是創新的服務或是在原有的基礎上持續改善，組織都在不斷透過改善服務品質的方式，積極努力維持消費客群的滿意與忠誠度。

　　從前貨物售出概不退還模式的通則，漸漸形成免費試用七天不滿意保證退費的消費型態，傳統商品銷售模式被消費者服務至上的概念取代；相同性質、功能的產品在市場上的訂價有高、有低，去除供需、競爭、風險等因素外，價格是市場機制運作表現的重要因素之一，但價格能否為消費者接受才是最重要的關鍵，就是當價格與商品、服務的品質感受不相

符時，消費者就不會輕易買單。顯而易見的是，能滿足消費者對服務品質的需求與期待，已然成為現在及未來產品製造、商品提供者追求的重要目標。感覺一詞解釋起來模糊、抽象但卻是影響個體決定的重要內在行為，服務品質感知是消費者購買商品、服務與否的影響關鍵；學習和運用服務品質管理的理論與方法，量化、標準化不易衡量的消費者感知，才有機會讓服務品質的概念深植被並具體實踐。

第一節　服務的定義

在20幾年前人們對於服務一詞的了解，多半著重抽象屬性意義的名詞解釋，並不像動詞那樣強調實際動作的操作與執行；而現在你聽到的、看到的、實際感知的服務，都與過往的經驗有著不小的差異，服務概念被漸漸深化，服務看不見、摸不到、握不住，更無法打包帶走，但卻能真實感受、深深被記憶。

服務是一種抽象的感知經驗，也是一種主觀認知，所以對服務要如何定義，也一定會有不同主觀認知個體上的差異，但就許多研究學者對服務概括的定義，大致有以下幾種說法：

1. 美國市場行銷協會（AMA）將服務定義為「提供或銷售商品的相關活動，這些活動可以讓消費者獲得感知和利益上的滿足。」
2. 服務是一種行為，一種努力的表現（Rathmell，1966）。也可以這麼說，服務是一方向另一方提供服務的經濟活動，提供的內容符合消費者期待和需求，包括商品、勞力、專業技能、設施等，消費者從而獲得利益或價值，但他們不擁有這些服務的所有權（Rathmell，1966）。另外，服務是指服務提供者提供給消費者的一種無形的活動或利益，過程可能不會與任何有形物連結，沒有所有權、無法被任何人完全獨佔或擁有（Kotler，1986）。
3. 服務是一種感知處理過程的經驗（Schneider & Bowen，1995）。服務是由一方（提供者）提供另外一方（消費者）需求行為的活動，服務

的提供可能是實質、有形的商品，也可能是無形的感知滿足，而服務品質就是一種提供消費者商品（有形、無形）的服務後，消費者享受商品服務後的經驗感知（Philip Kotler，1997）。

4. 服務是一種行動過程的展現（Zeithaml & Bitner，2003）。許多學者針對服務所下的定義也許不盡相同，但卻有許多共同點，總的來說，服務並不是專指消費市場特定產品的販售，而是一種價值創造的概念，這樣的價值來自於和消費者之間互動過程所共同創造；不論從事何種經營項目，很難不與服務發生直接、間接的關係，了解服務大致的定義後，才能在提供商品、服務之前，對經營規劃設計找到正確方向。

第二節　服務的層次

每一種商品、服務提供給消費者前，都根據商品或服務定位所做出區隔，提供符合目標消費群應有的服務，這些服務包含了核心服務、預期服務、增強服務和潛在服務幾個層次（Levitt，1983）。

一、核心服務（Core level）

一個商品、服務能滿足消費者的基本需求，就符合該商品或服務應具備的核心服務；也就是消費者購買服務項目，每個項目代表的最基本元素，或是它的主要內容就是核心服務。例如：花了30元買了一個火腿、蛋三明治，店家給你的三明治裡面，一定會有火腿和蛋，如果缺了火腿或是蛋，就不具備這個項目所標示的核心服務。有形商品的基本價值，出現在生產製造完成後，而無形服務商品的基本價值，則在服務傳遞的過程中發生。

二、預期服務（Expected level）

預期服務就是服務中可見、有形的成分，在核心服務外，支持這個服務的有形設施，達到消費者對最低預期的組合；因為服務是無形、抽象的，必須與有形設施結合，成為一個完整的服務商品組合，如觀光、旅

遊等。例如五星級飯店商務套房住宿一晚，明亮豪華的大廳映入眼簾，Check in進入房間，會有舒適的床、乾濕分離的浴室、Mini Bar，如果想要運動，3樓的健身房、5樓的游泳池，都會是你在預訂服務前，預期知道入住這種等級的飯店服務，一定會有這些有形、必然的設施提供。

三、增強服務（Augmented level）

增強服務是在核心服務、實際服務的基礎下建立，透過售後服務、服務保證及傳遞服務過程的軟、硬體設施的體驗，進而獲取消費者的滿意；也就是組織提供的整體服務之外，能吸引消費者選擇的優勢，往往超越消費者預期，購買這個服務除了包含基本服務、實際服務所具備的基本要素外，還有享受購買服務期間，無形服務品質產生的附加價值。例如航空公司的持卡會員，購買機票可以集點換里程、機位升等外，還能使用機場貴賓室等，有別於非持卡會員搭機時所享有的附加服務。或是餐廳提供一般消費者的餐點外，對於有宗教飲食需求（提供素食）、生理因素的個別需求（少鹽、少糖、少油），在點餐時向餐廳服務人員提出需求，也都能得到廚師的應允為其需求做出適合的料理，就是一種增強服務。

四、潛在服務（Potential level）

潛在服務是服務延伸的一種形式，透過現有的商品、服務，擴增現有的功能，重新定義商品或服務，增加商品、服務的潛在價值，有助於開發新的消費群體；根據消費者個別需求或其他特殊的原因所衍生出來的服務，這個服務在購買後，會產生潛在可能使用到的服務。說的是某個組織的商品，服務隨時間的轉變，也會因應改變創造並尋找滿足消費者新的方法，可能衍生出不同於以往的方式，除了獲致消費者滿意，也能擴展更多消費客群。如以往許多知名餐廳的熱賣餐點，都必須實際到店消費才能品嚐到知名美食，消費客群大多是在地居民，社群網路的及消費型態的改變，宅配服務的提供，對於外縣市或是更遠距離的消費者，也都能滿足品嚐美食的需求，讓知名餐飲業者增加許多潛在消費族群。

服務品質與管理

第三節 服務的特徵

Parasuraman、Berry、Zeithaml等三人對於服務品質做了許多相關研究，認為服務具有以下幾種特徵，包括服務有無形性、不可分割性、變異性、不可保存（Barasuraman, Berry & Zeithaml，1985）。

隨著服務產業的更進步，服務業有別於製造業的更多特質，在市場不斷的變化中出現；行銷商品或提供服務前，必須對服務所具備的特性有所了解，對服務商品的設計、規劃才能有正確的引導方向，減少時間、成本的浪費。另外，服務業無法將服務商品如生產製造業般，將所有的產品完全規格化、標準化，因為服務業相對於其他產業，有著許多服務業具有的不同特點（Dimitriades，2006）。學者隨著消費市場變化作出的研究提出的說法，大致歸納為服務是一種過程、服務是不可分割的、服務的一致性、服務的不可儲存性。服務提供傳遞的過程，包含了服務提供者與消費者，過程中服務提供者與消費者不能被分割，缺少任何一方，服務就無法完成。服務每一次執行的過程都是單一、獨特的，服務提供者傳遞服務時，會因對象不同而產生差異。如果服務未被使用，該項服務商品的價值，將因為無法被保留而消失，好比昨天午夜場的電影票，因為有其他事情耽擱，趕不上這場電影放映的時間，這張電影票的價值，隨著該場次電影完成播放而結束。綜上，歸納20世紀初到現在學者對於服務特性的研究與討論，服務具有以下各種特性：

一、無形性（Intangibility）

服務是一種的概念，也是一種銷售或與商品販售有關的活動，能提供彼此利益或滿足（Regan，1963）。

服務具備了無形與抽象的特性，服務是一個過程，是無形的，看不到也無法被觸摸（Boern，1990）；對於這一點，有些人認為服務可以是有形的，但這必須是以服務與有形環境產生關聯為前提。一般商品銷售，多半有具體的外觀、形象，而無形商品（服務）的抽象屬性，也不太容易具體描述服務的好、壞與優、缺點。換言之，許多服務產業提供的服務商

品或項目，本質上是無形的，消費者在購買產品之前看不到，也無法觸摸到商品，因此消費者往往在消費前，會針對店家的服務品質搜尋相關的訊息，例如品牌的服務口碑、信用。這些口耳相傳的名聲與形象，對於所有服務產業而言，絕對大於有形設施帶給消費者對服務品質感知的影響。因此，組織在提供服務時，第一時間讓消費者感知服務品質的好，的確非常重要，而傳遞服務的一線服務人員就肩負著這樣的任務。一線人員也被消費者視為服務品牌的象徵，在與消費者接觸時，就要做到組織對消費者需求滿足的承諾。

　　一般有形商品可以被實際觸摸到而感受到存在，大部分的服務是無形且無法被直接觸及，卻可以透過視覺（明亮、乾淨、清潔）、聽覺（輕音樂、交響樂、悅耳說話聲）、嗅覺（食物、香氛）等感官知覺體驗。服務既然是無形且無法觸摸，因此服務品質也不容易被量化，服務特性中強調的無形性，是抽象感覺的認知行為，所以它和實物商品不一樣，服務無法提供試用，必須透過服務傳遞的過程，藉著意象（廣告、宣傳），加強消費者購買服務的慾望。如想買衣服可以試穿，褲長太短可以改，想買鞋可以試穿，尺寸不合可以換，但想搭高鐵從臺北到左營，就不會有試搭或試乘不滿意可以退費的服務。也好比電視購物，什麼都賣已經不稀奇了！為吸引消費者，銷售商品可以免費試吃、提供鑑賞期，女性化妝用品、吸塵器都可以試用，不滿意皆能退貨、退費；但沒聽說飯店住宿、航空旅遊行程，可以試住、試搭，若不滿意可以退貨、退費的說法。正是因為服務所具有的無形特性，沒有一個的確切標準能量化感知，所以就必須要更關注消費者滿意度，因為感覺的好、壞有時無法具體說明跟描述，但卻是影響消費者再度購買的重要關鍵。

二、不可分割性（Inseparability）

　　服務商品具有生產、消費的不可分割性（Wyckham，1975），服務商品的提供是藉由服務人員傳遞，生產服務及傳遞服務是同時進行的。傳遞過程模式是由服務人員與消費者面對面接觸，服務品質好壞的感知，也

是即時、直接且無法隱藏、忽視的。消費者體驗服務的過程，倘若組織對服務管理缺乏重視，對於服務品質沒有控制，消費者面對服務人員表現不佳的種種行為，就會影響消費者對服務品質的認知。

按照PalmerAdrian的說法，服務就是一種商品，但這樣的商品不同於一般有形實物的產品，從成品生產完成到消費者使用，中間有一定的時間差；但服務本身從生產到消費幾乎是同一個時間完成，也就是感知體驗的當下，服務提供到消費的過程，幾乎在同一時間完成（Kelly，1990）。搭飛機從臺北前往紐約，搭乘飛機的服務，從旅客上機到航程結束後下機，所有服務的生產到消費結束，都在飛機航行階段中完成，機上所有服務無法隨旅客帶下飛機，就是服務強調的不可分割的特性（Fridgen，1996）。

不可分割性是生產和消費，在同時發生的狀態下進行並完成，而服務提供者與消費者，必須共同參與該服務的生產、傳遞到結束的過程（Kasper，2006）。例如：足底按摩或油壓按摩，需要服務提供者（按摩師）、消費者；觀賞舞臺劇表演，臺上的舞臺劇演員（服務提供者），臺下的觀眾（消費者），都在互動服務過程中需雙方的共同參與完成。因為服務具有這樣的特性，所以當消費者在體驗服務的過程，服務品質立刻就能感知；因此服務是需要被設計、規劃，讓服務在被傳遞的過程能達到消費者預期，並能滿足需求。

三、異質性（Heterogeneity）

服務的異質性，說明服務的標準很難一致和準確地重現，因為種種的不同因素都可能影響服務提供的異質性程度（Zeithaml et al, 1985）。首先，服務提供消費者和服務提供者之間某種形式的接觸，接觸方式大多是直接且面對面，所以服務提供者的溝通方式和肢體語言，都會影響消費者對品質的感知，但很難保證所有服務人員行為的一致性和標準化（Rathemell，1966）。再者，服務傳遞的過程，服務差距（Service Gap）的產生，會導致組織提供的服務可能與消費者需求與期待完全不同

或是產生落差；根據消費者需求或所提供的資訊，對改善服務品質有助益，而組織或服務提供者若不能正確解讀這些資訊，就會造成消費者對服務感知的落差。最後，在提供服務期間，消費者每次使用服務的優先順序和消費者需求和期望都可能會發生變化，正代表服務過程中，許多不同的因素都可能直接、間接影響消費者感知結果。

服務的每一個階段與過程，服務人員能力、溝通方式的差異，消費者與消費者間的差異，都使服務品質控制不易；因此，服務傳遞過程的品質，有賴服務人員的反應和專業能力，去了解消費者實際的需求，並根據不同需求作出適當的出反應。

四、無保存性（Perishability）

服務是無法被保存的，不能在一個特定時間結束後儲存並保留，以待下次使用（Donnelly，1976），由於服務無形、無法被保存的特性，服務從生產到消費在同一瞬間完成，感知體驗的當下消費便已完成並結束，也不能打包外帶，所以服務具有無法儲存之消費特性。例如櫥窗裡一件漂亮的黑色外套，是一件有形的產品，今天沒有被人買走，明天、後天，你經過此處時還是會看到它，直到它被人買走，或換季移置倉庫儲存；但，提供住宿服務的飯店空房今晚沒有賣出，這間房間今晚的價值明日就不存在，同一班次高鐵空位的價值，也會隨著離站而消失。

五、易變性（Variability）

服務不像實質、有形的商品，有標準規格、大小、重量、材質的限制，製造業中若生產過程一致，產品就會符合標準；服務具易變性，也就是提供服務的過程採取一致的方式，但結果卻可能因人而異；也就是提供相同的服務，遇到消費者不同的需求，為滿足需求，就必須調整、改變，說明了服務具易變性。

以往對服務的品質的衡量定性、定量，早已經不能符合現代消費者對於服務品質的要求了！例如：麥當勞大麥克製作，從烹調時間、食材大

小、重量、包裝都要符合標準才能保障品質；但是，如果點餐櫃檯服務人員笑容不夠、表情嚴肅，這時所有的服務品質可能都因為這樣的表情大打折扣。

　　飯店櫃檯服務人員接待商務熟客時，除非此時顧客有不同於以往的需求，就會根據以往喜好的房型、需求辦理登記，期間可能會和顧客問候寒暄，增加對消費者的親切、友善，並拉近彼此的距離。另外對於第一次消費的家庭顧客，爸爸、媽媽帶著襁褓BABY入住，櫃檯服務人員，除了詢問相關基本訊息，還會貼心提供為寶寶所需的嬰兒床服務。兩種不同型態的住房客人，對商務旅客而言，需求可能是盡量不被打擾，就會讓人覺得服務到位；之於家庭房客來說，服務人員對BABY需求的照顧，就會讓爸爸媽媽為此舉感到貼心。

六、無所有權（No ownership）

　　服務是無形、無法被保存，也不被任何人所單獨擁有，所以它沒有所有權也無法被轉讓。服務沒有專利權，服務傳遞過程的know how沒有專利、沒有產權，自然無法使用法律保護；服務的方式和流程，很容易被同業競爭對手模仿、複製，要持續維持品質，就必須在既有的基礎上不斷創新、進步，保持領先於對手所沒有的競爭優勢。例如汽車、設備、房屋租賃契約，只保障租賃期間標的物的使用權，而不是標的物所有權的轉移，也就是說租賃服務，所提供的是標的使用服務而非標的所有權。

七、一致性（Consistency）

　　商品生產機械化，目的要控制生產過程的產品標準化，維持生產成品的品質，而服務品質維持的過程，大部分都需要仰賴服務傳遞者；人和機器最大的不同，人的感知無法被標準化，提供、傳遞服務的人員的工作績效會隨著周遭環境、情緒每天都會有起伏，將這些起伏、波動的影響，必須降低在可控制的範圍，服務生產傳遞過程，才能維持在一定的品質，所說的就是服務的一致性。換句話說，與製造業要求製作出標準一致的產品

不同，服務業所提供的商品不可能進行最終的品質檢查，因為服務是一個動態流程，服務提供者需要在每一次的服務過程，都必須確保最後產出是符合消費者需要的。

消費者在購買商品或被提供服務前，就有期待等值的心理預期，也就是所花費的金錢得到商品或服務認同的價值必須等值（或超越預期），第一次購買與第二次購買後的服務感知會相同、類似；這次搭機，客艙組員服務過程都帶著微笑，下次搭機時旅客一定會預期機上客艙組員的微笑應對，若有不同，就會對服務品質的一致性打上問號，所以服務傳遞過程和人員表現的績效，就必須持續穩定具一致性，將消費者的滿意度轉換成再購率。這也說明了服務商品的特性，雖然無形、抽象、不容易被量化，但品質還是要維持一定的水準，組織就必須對服務品質做到管理與規範。

管理為求服務品質的輸出維持一致性，但必須要有彈性，隨著不同的變化進行調整，根據變化因素進行調整後的結果，其目的就是達成消費者滿意。一項產品的銷售人員，對於不同性別、年齡（可識別）和不同家庭背景、職業、教育程度（不可識別）的銷售對象，同一項產品的解說方式，就可能因對象的需求不同，必須做出適當的調整，但服務傳遞後的最終結果，就是要滿足消費者的需求與期待。

第四節　服務的要素

要在服務消費市場成功行銷，必須要先了解構成服務的幾種要素，包含了商品、價值、人員、地點、專業知識、傳遞過程等等。

一、提供的商品

有形商品提供給消費者的就是商品本身，是有形的、消費者可以真實觸摸到的任何東西。如手機、電腦、相機等，與其他服務商品一樣，產品設計必須以消費者需求為導向，確保產品設計符合消費者需求。另外，服務本身就是商品，而服務具有抽象、無形的特徵，所以服務提供必須有其他有形支援，提供服務完成的必備要件。

二、服務的品質

　　組織和成員傳遞服務的過程中，了解消費者想要什麼？如何滿足需求？過程中產生客訴如何解決？所有相關專業服務知識的學習也很重要，豐富的專業知識能為消費者創造舒適、愉快、滿足的感覺外，還能對消費者於過程中發生的問題，找出適當、有效的解決方法。例如：發生勞資糾紛事件，勞方需要法律專業上的協助，嫻熟勞資爭議的律師會是較佳的選擇。專業與知識是構建產業和吸引消費者的工具，組織才能夠有效解決目標市場中的專業問題，也能因此獲得消費者的信任。服務品質可以說是消費者購買商品、服務的核心要素，不論是有形或抽象的商品、服務，都需要優質的環境、專業人員的支援，使得服務的傳遞過程結束有完美的輸出，讓品質最終能滿足消費者的需要與期待。

三、服務的環境與地點

　　提供服務的環境與設施空間佈局也會影響消費者滿意度，環境條件包括照明和背景音樂等，空間布置、規劃等，幾乎消費過程中，環境中所有視線可及的設施都是可變因素。服務過程中的有形設施，提供消費者對服務意向和感知的引導，主打女性市場下午茶的甜點、蛋糕店，室內溫馨色調、使用設施符合人體工學，就能營造午茶放鬆、舒適的氛圍。

　　地點主要由目標市場決定，組織要有效提供服務，必須要了解目標消費者和潛在消費者的位置，傳統實體店面設點必須要符合消費者便利需求，交通是否便利、停車需求提供，都會是提供服務時必要地思考；電商網路設置，搜尋、入口或是目標消費者的網路使用習慣，也都是服務提供者要清楚了解的問題，才能收事半功倍之效。藥局通常在設置在醫療院所的周圍，補習班會在學校的附近，法院旁邊找容易找到代書或律師，正確的地點也代表著有更多機會找到目標消費者。

四、服務的傳遞

　　服務傳遞是指消費者購買商品、服務時發生的過程，也是服務在實際

操作中傳遞的方式與技巧。服務是組織規劃設計後的產品,服務傳遞是組織實施計畫後的過程,消費者滿意度就是結果。其中的過程包括:提供服務的人員、消費者及傳遞服務的環境等。

　　傳遞服務的人員,與消費者互動的過程,面部表情、口語表達、肢體語言,互動過程所有看得到的表情與動作,聽得到的聲音(語音、語調、語意),都會對消費者感知產生影響。有些消費者會積極參與,並透過口耳相傳、社群網路主動分享建議、回饋給其他消費者或服務人員;而一些個性較被動的消費者,服務傳遞過程結束後,不論是否滿意或不滿意,並不會如前者般主動分享消費經驗或回饋。因此,每個消費者的需要,都要盡可能的被滿足,並且得到相同的對待與重視(Isovita & Lahtinen 1994)。

第二章
服務品質

　　商品最初的消費模式，雙方關係多半在買、賣行為結束後，商品服務就跟著交易完成隨之結束；生產、製造業興起的時代，所謂的服務，大多著重在實物商品是否與價格等質（有無偷工減料、商品是否有明顯瑕疵？），對於服務品質要求的概念和範圍，幾乎都是從業主（提供者）的觀點出發，透過組織內部生產的標準控制，提供業者要傳遞給消費者的服務。如今，新型態與服務相關產業不斷出現，產業模式也就必須隨著需求改變作調整，若跟不上市場殺伐汰舊的腳步，就只能眼看著洪流襲來，無力阻擋，最終為洪流所噬！

　　消費者的消費意識覺醒後，現在銷售商品，要在意的可能不只有商品品質好、壞的控制，更要關注使用商品的消費者，使用前、使用過程、使用後的感覺，也就是服務品質中強調的感知服務；服務感知注重是同理心，經由訊息的傳遞，站在消費者立場思考，提供消費者想要的服務。服務品質重視消費者使用過程的感知，因為結果的好與壞，可能會影響消費者再度消費的意願，其結果是一次消費還是成為回頭客，服務品質就是關鍵因素。

第一節　品質的定義

　　品質是一個較抽象的詞語，很難明確定義，一個相同的物件的品質，對於不同的人可能就有不同的定義，品質應該是能持續滿足消費者現在及未來的需求（Edward Deming，1986）。雖然我們無法定義品質，但我們知道什麼是品質，人們是可以感覺到品質代表的意義（Pirsig，1987）。品質可以是商品或服務，在製造、行銷、維護等特徵的總體中結合，透過這些特徵組合有效的操作，讓商品、服務能滿足消費者需求（Armand V. Feigenbaum，1990）。消費者可以覺察品質中帶來的感知，但卻無

法具體言說它的好，所以我們可以說，品質好壞的決定來自於消費者
（Oliver，1997）。

　　在經過測試、調查後，符合客觀標準品質，這個品質的解釋，往
往是指有形的產品，而通常有形商品的品質，其標準是可以被量化的
（Kaspered al，1999；Oliver，1997）。品質不只是一個形容詞，也是一
種動態的持續過程，這個移動面相包含了商品、服務、人員、處理、環
境，是一個動態且持續運作的過程，需要被控制、管理，最終目的就要滿
足消費者的需要與期待，並創造商品的價值。商品、服務規格化、標準
化，是指每一次服務的品質都相同，且穩定維持在設定的水準之上。例
如：昨天在超商買一杯拿鐵咖啡45元，今天又到同一家超商買了一杯拿
鐵咖啡，今天買的拿鐵咖啡和昨天買的一樣是45元，同樣的容量、口味
也應該一致。上個月出差高雄，入住一家飯店的商務套房，這個月出差仍
然訂了同家飯店相同房型的房間，兩次入住時房間內的所有設施一定相
同；如果為維持服務品質的一致性，就應該不會出現第一次入住時有提供
牙刷的服務，但第二次入住時，需要刷牙時卻找不著牙刷的狀況。五星餐
廳的一盤蒜蓉炒芥藍可以賣到臺幣250元，但這樣的價錢標示在熱炒店，
可能第二天就被網路留言灌爆是不良商家了吧！消費市場轉變，對於商
品、服務品質更為要求的二十一世紀消費市場而言，就是一個以消費者需
求為導向致力追求品質的市場，商品、服務的品質滿足消費者需求，就能
在市場競爭中提高佔有率。

　　正因為品質存在於消費者預期服務的過程中（A. Parasuraman、
Valarie A. Zeithaml、Leonard L. Berry，1990），所以品質難以定義、很
抽象，但如果善用品質產生的效果，不論商品和服務都能因此創造更高的
價值。綜上，我們從不同層面及學者所定義的方向探討如下：

一、品質定義的不同層面概念

　　產業的性質不同，對於品質概念的認知和定義也會有差異，研究領域
的不同，對於品質也就會有不同層次定義的探討。

1. 哲學概念所定義的品質

　　品質是一種卓越性，具實用及可用性，它不能被進一步分析、定義，當人們看到或感覺時就能知道品質的優、劣，但品質的好、壞卻沒有辦法被確實衡量，也無法具體言說及定義（Oliver，1997）。

2. 技術概念定義的品質

　　技術概念和哲學概念定義品質的方向截然不同，技術概念定義是從客觀的角度看待，多半被製造、生產業廣泛認定，也就是從有形商品評估，商品品質的質、量是否具有一致性、標準化，這些一致性與標準都能被實際量化（Kasper，1999）。就以上說明，可以歸納幾種影響技術品質的因素：

　(1)功能（Performance）：商品整體使用或操作時的表現。

　(2)可靠（Reliability）：商品故障或有缺失的可能性，也就是產品製造時必須注重的良率。

　(3)一致性（Conformance）：確認商品是否具標準規格及一致的功能，如此每一個商品才能維持標準化、一致性。

　(4)特性（Features）：除了標準規格應具備的功能，是否具有其附加功能或特色。

　(5)耐久性（Durability）：商品可以提供消費者持續操作或使用的價值有多久。

　(6)美感（Esthetics）：商品的造型、外觀是否能引起消費者的注意或興趣。

　(7)可用性（Serviceability）：功能、速度、實用是否符合消費者實際需求。

　(8)質感（Perceived Quality）：商品使用後的品質感知，是否能與之前的認知或是預期連結。如同許多蘋果愛好者等待新機型問市，新機型使用後的感知，會因為產品本身高價且認同，同時拉高對商品品質的期待；若使用後的感覺優於或等於期待，就會加深消費者對品牌的忠誠度，一想到高品質的手機商品，自然就會跟這個品牌連結。

3. 消費者概念定義的品質

　　以消費者概念定義的品質，簡單的說就是從消費者角度出發定義品質的概念，商品品質的優、劣，取決於消費者使用後的感知，而這種品質定義是主觀且抽象的。服務業中無形服務的提供，消費者衡量品質藉由感知判斷決定好、壞，這也就是為什麼服務業的服務品質評估，大多著重消費者感知研究。

4. 價值概念定義的品質

　　就是商品或服務的品質，與消費者可接受價格之間的落差與平衡；相同的價格之於不同的消費者，就會有不同的價值，因為對價值認同感不同，也就對價格高低認知有差別，一支手機雖然要價數萬元，但它所產生的價值，仍然讓認同此一價值的消費者願意買單。無形商品的服務著重在人與人之間於商品交換中產生互動的過程，但互動的方式並沒有制式的標準；餐廳侍者招呼60歲的老夫婦和17、8歲的小夥子，如果一見面都用相同的方式問候並無不妥，但如果根據招呼對象的相異之處做些彈性調整，用更適合的應對方式招呼，可能會產生更佳的效果。當然，對於消費者而言，相對於制式招呼方法，根據不同對象給予相應適當的問候，感知判斷令消費者滿意度是無庸置疑的，在此同時也能賦予品質更高的價值。

二、品質定義的方向（David Garvin）

　　哈佛商學院教授David Garvin認為，品質的定義就是品質的向度、維度（Quality Dimensions），將品質從形而上（抽象、無形）和形而下（具體、有形），不同的角度定義品質。品質的定義有多個面向，但David Garvin認為，理想的情況是，不只從一個角度來考慮品質，必須要在不同的狀態層面上多方考量，才能真實有效的滿足消費者需求。

1. 從思想、哲學角度定義

　　品質是一種卓越、優秀、超凡的表現，這些形容是一種直覺的感知，無法具體描述，也無法被實際量化，如同思想一樣抽象且不易言說，但卻具有一定的影響力。

2. 產品角度觀察

　　衡量品質的好壞，根據產品的規格、功能是否符合一致的標準來判斷，也許對產品的生產製造者而言，是再自然不過的事；但是，這樣的商品未必能滿足消費需求跟期待，忽略了品質必須經過消費者感知後判斷的事實。

3. 以製造為基礎

　　產品品質與製造生產過程的技術要求有關，也就是從產品製造的角度考慮品質時，就要在組織內部生產相關部門，在產品生產過程中，要求產品品質的標準化、一致性及穩定性；品質所關注的是製造過程中控制，從製造過程的品質維持，進而降低生產成本。

4. 使用者角度而言

　　從使用者的角度了解需要，也就是商品、服務的品質要滿足消費者需求和期待，就要真正了解消費者要的是什麼？才能根據需求設計出最符合消費者期待的商品或服務。

5. 以價格為基礎的品質

　　這個角度所關注的是商品、服務的成本價格，商品、服務訂定的價格是不是消費者可以接受的，如果訂定的商品、服務價格，消費者普遍接受度不高，就代表價格與品質間的落差是不符合消費者期待的；商品、服務的品質是由價格決定，價格高者品質較好，價格低者品質較差，但事實上價高商品品質也未必符合消費者真正的需求。例如手機大廠推出的5G手機加上摺疊螢幕功能，一支這樣的手機動輒五、六萬，價格高，但並不符合大部分手機使用者的需求。

第二節　什麼是品質成本

　　1956年 Armand Vallin Feigenbaum在哈佛商業論文中提到，品質成本是商品生產過程中產生的費用，是降低產品缺陷努力維持品質的一種手段；因為任何一種商品、服務在推出市場之前，都必須要有穩定的品質，

維持品質可能需要機器，或是更多的人力，購買機器設備、增加人力，都是維護品質所必須支出的花費，這些費用是維持品質必要的成本，也就是所謂的品質成本。

從全面品質管理（TQM）的觀點而言，品質成本是在製造過程中維持商品、服務在標準以上程度，這個標準要能獲得消費者或客戶認同；因為，第一次就做正確的事情所必須付出的成本，絕對比發生錯誤後再次修正或重新開始，額外產生可見或潛在不可見的成本來得低廉。當消費者因為品質不佳而不再回頭，對商品和品牌的不信任，全面品質管理（TQM）的概念認為，品質是種無法回收的成本；組織為了提高商品、服務品質支出的所有費用，和因為商品、服務因為生產過程的錯誤，導致商品、服務品質，無法滿足消費者需求過程中所支付的所有費用，就是品質成本，有以下幾種主要品質成本類別：

一、品質成本的種類

銷售商品，維持商品品質的費用，在銷售總額中約佔百分之15~20（Paker，1991），這百分之二十僅僅是指可以被量化的成本，對於無法量化的成本，如商品瑕疵送修的耗材成本可以被計算；但因為送修商品所耗費的時間成本，和消費者因為品質不佳，所產生口耳相傳抱怨的負面評價，對品牌價值成本損失的影響等，都屬於無法實際估計的數字，而這些數字可能遠高於產品本身的價值。

為了避免因品質缺陷所衍生的無形成本，就必須建立一個品質成本計畫，將所有可能因為品質不佳產生的費用（有形、無形），都納入成本計畫中，除了能避免缺陷產品衍生的費用外，還能提供組織改善訊息，透過分析找出關鍵的績效指標。品質成本就是組織、企業投資生產商品或服務時，為預防品質不符合消費者需求的所有作為下產生費用的總和。品質成本包含了一致性成本和非一致性成本：

1. 一致性成本（Cost of Conformance）

一致性成本就是指提供的商品和服務中，每一個被提供的商品、服務

都符合品質標準狀態，為了維持這樣的狀態所花費的成本；一致性成本就是商品、服務生產的必要成本，費用固定比例也比較高，其中又包含了評估成本和預防性成本。

2. 非一致性成本（Cost of Non-conformane）

　　非一致性成本指的是在生產標準過程之外，商品、服務發生問題所產生的成本，也就是缺陷產品衍生出的失敗成本，其中包含了內部失敗成本與外部失敗成本；非一致形成本如果事先預防就可以避免費用發生，如此便可減少不必要的費用或是非必要的成本產生。

　　從一致性成本與非一致性成本衍生出的品質成本，根據性質的不同，可區分為預防性成本、評估成本、內部失敗成本和外部失敗成本。預防成本和估計成本，是為達品質標準而努力付出的成本；內部失敗成本和外部失敗成本，則是由於商品、服務為達品質標準而衍生出來的費用支出。綜述如下：

1. 預防性成本（Prevention Costs）

　　現代的品質管理，重視的是商品、服務傳遞過程問題發生時的事前預防，而非強調在發生問題後的事後處理；所以預防性的成本，就是為了努力防止問題發生，所從事的一切相關活動產生的費用。為了預防商品、服務於傳遞過程中發生問題，對於市場需求的調查、專業訓練、品質維護和改善計畫等等的相關活動費用，都是屬於品質管理中的預防性成本。此外，產品生產過程中，適當的人員訓練，正確、有效的設置生產設備與工作區域，增加生產效率和維護生產過程人員與設施的安全等等，所有在生產過程中，預防可能造成損失的相關活動產生的支出，也都屬於預防性成本含括的範圍。

2. 估計成本（Appraisal Costs）

　　估計成本是整個產品生產過程，從檢視產品原料供應商所提供原料是否符合需要，到確認產品在生產過程中的檢測結果，整個過程都能達到標準下估計所產生的成本。估計成本是為確定商品、服務，符合消費者品質需求標準所產生的一切費用，要確知商品、服務的品質符合需求，就要經

過檢測；檢測品質的人員設施、檢測設備的維護、檢測設施的校準等等，都屬於評估成本的範疇。

3. 失敗成本（Failure Costs）

不符合消費者需求或期待的商品、服務所產生的費用支出，就是失敗成本。失敗成本又因組織內部與外部造成品質不佳的原因各異，又分為內部失敗成本和外部失敗成本。

(1)內部失敗成本（External Failure Costs）

商品、服務在提供給消費者前，就發現品質未達到標準，這些未達到品質標準的商品與服務，是因為組織內產生品質問題所致；為改善品質，組織內部必須對發生問題的原因修正、改善，這個過程中產生的一切費用，就是內部失敗成本。內部失敗成本也就是泛指商品在還未到達消費者或消費市場前，內部發生問題所產生的成本：生產過程機器、設備損壞，造成生產停滯產生的延期交件或損失，設計不良導致產品製造過程不良率過高等，都屬於因內部失敗所導致的費用支出。

(2)外部失敗成本（Internal Failure Costs）

生產過程結束，商品、服務在消費市場上發布後，商品設計或因商品衍生其他問題所造成的支出，就是外部失敗成本：商品在保固期限內故障的維修，消費者試用產品後不滿退貨，或是像手機、汽車造商，因為商品零件有安全疑慮而召回維修，所產生的大量支出，就是所謂的外部失敗成本。　因為外部失敗成本是發生在商品、服務已經傳遞給消費者後，發現商品、服務的品質，沒有達到標準品質的要求，為彌補這些問題、瑕疵品造成的影響，必須付出相關損害的費用。而外部失敗所發生的消費者抱怨、產品召回、損害索賠等，都會造成大量的成本支出；因此，外部失敗發生，外部失敗成本通常高於內部失敗成本，後續對組織的負面影響也高於內部失敗所造成的問題。

二、如何降低品質成本

維持品質所需要花費就是一種成本，當商品、服務的品質達到一定水

準，而這樣的品質水準也能持續穩定地維持，就能大幅降低因為品質不佳衍生的失敗成本；所以，組織設計商品、服務時，必須要同時考量影響品質的因素，除了提高、改善品質並能滿足消費者，同時避免不預期費用發生，降低商品、服務品質維持所需的花費。

1. 預作成本評估

達成商品或服務的口碑與高品質，除了要先評估商品生產所需要投入的成本（設備、人員），並了解與商品必要相關活動的費用支出（廣告、文宣）之外，正式運作前的測試（減少缺陷產品率），可以預防不必要成本的浪費。

2. 預防潛在成本的發生

提供商品、服務生產的相關硬體設施，可以透過事前設計、標準化，快速達成品質控制，也能降低潛在成本的發生；而傳遞服務人員的素質，就必須透過職能訓練，並定時透過績效考核激勵制度，使其專業職能與服務品質維持高工狀態，並於工作中獲得成就感，降低人員離職率，減少因高離職率造成的潛在人事訓練成本。

3. 預防內部失敗產生的成本

若因品質不良、故障，在良率控制外發生的退貨、維修，就會衍生不預期成本。例如：有些汽車大廠，因為內部品質管理控制發生問題，一個小小零件發生問題，就必須召回使用該項零件的所有車輛。大量召回費用不算，賠上的可能就是信譽及消費者信心。若是在交付產品或傳遞服務前，就能對商品、服務實施品質控制，就能減少因內部疏失所產生的成本費用。

4. 預防外部失敗產生的成本

商品、服務發生不良，可能被消費者要求維修、退費。維修過程到結束，除商品必須確認修復完成（修復並未完善，產生二次送修），與消費者溝通過程也必須注意，避免因為原有的不愉快引起更多的抱怨。因為商品、服務發生第一次缺陷，便有可能降低消費者滿意度，若因修復中服務傳遞過程再生糾紛，潛在成本衍生的拒絕再度消費、商譽影響、訴訟發生

都是可能產生的狀況。

第三節　服務品質（Service Quality）意涵與建構

　　商品、服務上架被消費者購買，使用後的感知能符合消費者的期待，就是服務品質（Crosby，1979）。換言之，服務品質是服務提供者將有品質的服務傳遞給使用者後，測量是否與消費者的期待相符合的結果（Lewis & Booms，1983）。所以服務品質的好、壞，不是取決產品本身的價格或規格，必須由是否能滿足消費者的眞正需求而決定（Garvin，1985）。甚至是消費者使用產品後，感知判斷不僅是符合期待，並且超越期待（A. Parasuraman、Valarie A. Zeithaml、Leonard L. Berry，1988）。

　　每個人都有消費經驗，經驗有好、有壞，就如網路行銷中，消費者在享受服務的過程到結束，感覺不好就有負評，感覺不錯就給個讚！這樣的感覺是一種無法言說的感知運作，是主觀也是抽象的。服務品質是著重在評估消費者於享受商品、服務後，他們對服務品質的感知，也就是消費者對服務品質有形性（Tangibles）、可靠性（Reliability）、即時性（Responsiveness）、確定性（Assurance）、同理性（Empathy）五項感知經驗的評估與分析（Zeithaml & Bitner，2003），而能使消費者覺得滿意，服務品質絕對佔有重要的比例（Taylor & Baker，1994）。

　　當組織提供的服務品質水準越高，要付出的成本也就越多；一個組織能夠提供的服務一致性越大，維持服務品質穩定的能力也越強（Parasuraman，2006）。在服務品質被明確定義後，根據需求建構、規劃組織改善品質的目標。評估服務確實被執行後，能否滿足消費者，再找出服務品質不佳可能造成的問題，迅速分析問題的原因，並尋求解決問題的方法，作爲修正、改進的參考，以增加消費者的滿意度。

　　服務品質是20世紀初發軔，且不同於製造業的品質管理，是一個較新的概念。在現今以消費者導向的市場，已得到廣泛的認同與實際應用。

在這一相對較新的概念方面，仍然存在許多挑戰和分歧，因為服務品質的提高與營收能力的增加互有關聯，也被認為是增加競爭優勢、市場佔有率的重要方法（Abdullah，2000）。相關概念與論述如後：

一、全面品質服務（TQS）

　　從過往品質服務的發展歷程來看，服務傳遞或交付到消費者手中，服務品質一直以來並不是是業者關心、聚焦的重點；如今，許多製造業已經開始提供以往沒有的服務（Douglas & Fredendall，2004），以消費者為導向的服務品質，已經成為各類產業、組織努力改善的首要任務（Wang et al.,，2004）。對品質改善研究有影響的學者戴明（Deming）、朱蘭（Juran）、費根鮑姆（Feigenbaum）、克羅斯比（Crosby）、克魯格（Kruger）和石川（Ishikawa）等，都認為透過提高品質可以提高生產力，從而增加組織的競爭力。

　　全面品質服務（TQS）著重在服務品質概念的深植，對抽象、無形服務品質的改善，及服務傳遞過程的標準規範，在無需支出龐大費用的條件下，透過組織系統有效評估，了解消費者需求，適用於實現消費者滿意度，也能有效將消費者滿意數據與組織系統結合，作為預測未來消費者需求的依據。全面提升服務品質之所以重要，是因為它可以增加產品的附加價值、降低成本、提高產量、增加營收進而擴大市場佔有率。較高的服務品質，可以提高消費者使用後的回頭率，進而強化消費者信心成為鐵粉（如：果粉），創造超過商品價值本體數倍或數十倍的利潤。除此，好的品質（良率高），換貨、維修的的次數減少，相對降低商品損壞、維修的成本；當然也會減少客訴的頻率，對於第一線提供的服務人員，低成就感所造成的高流動率，也有絕對正向的幫助。

二、服務品質的重要性

　　提升服務品質需要投注成本，所有商業行為中成本是影響利潤的關鍵，但有非常多的例子說明，服務品質好壞與否，直接或間接影響利潤；

好的服務品質會吸引消費者、增加顧客回頭率，就長期而言，相對於服務品質較低造成的顧客高流失率，較好的服務品質，的確能創造更高的收益（Zeitham & Bitner，2000）。

　　長期顧客通常會將自己的消費體驗（正向經驗）用口耳相傳的方式，積極且正向地影響其他人，成為最有效具廣告效益（社群軟體）的傳播工具，讓市場中的潛在消費者成為真實顧客，創造更多利潤。在消費市場中好的服務品質通常會有較高市場佔有率，積極做到高標準的服務品質，也能因為服務品質建立口碑創造的價值，採取高定價策略，創造更高營收（如鼎泰豐）。

　　服務品質之所以重要，是因為服務過程短暫且被感官支配，品質一旦被消費者認定不佳，既定的想法就不容易被修正，若再經社群網路口耳傳遞，要再扭轉消費者的看法實屬不易。品質是否容易被改善？標準能否被量化？有形商品和無形抽象的服務最大的差別，有形商品如手機，什麼樣的型號，就有一定的規格和功能，在商品出廠前就經過SOP的檢驗達到一定的標準，消費者使用只要依照規範，商品使用多半不會有什麼問題；而無形服務的提供，縱使有實施標準化訓練，都不能如有形商品般，達成所謂Six sigma要求的良率。原因無他，因為消費者使用服務的過程，所有能影響感知的因素，都會改變消費者對品質好、壞的判斷。品質不佳消費者滿意度會降低、員工士氣低、效率低、生產績效差、產品良率低，就會衍生出較高的檢查、維修費用，延遲或銷量減少產生的庫存及資金流動不足。

三、服務品質的核心價值

　　著名的商用客機製造公司CEO說：「為我們的客戶提供服務，始終滿足他們的需求和期望」，在第一時間做對的事情，持續努力改進，滿足消費者；從服務品質管理的角度而言，富有遠見的領導力、正向的組織文化和員工承諾，能有效提升服務價值，也是Deming（戴明）管理模式的核心要點。

1. 具遠見的領導力（Visionary leadership）

要建立一個內部和外部緊密結合、強而有力的組織，管理者的有效領導是絕對不可缺少的能力（Douglas & Fredendall，2004）。 隨著消費市場的改變，消費者對企業、組織文化的認識與了解，會影響服務提供者與消費者關係的建立，如果一個企業、組織文化不佳，會影響消費者產生負面評價，當然也因此降低或減少消費意願。一個組織的管理者，要有洞悉市場變化的能力，對變動立即反應並規劃戰略，但若沒有發展一個凝聚人心的組織文化，或是獲得組織成員共同努力的承諾，都無法取得全面的發展。組織領導者要確定並實施適當的戰略、建立組織結構、建立有助企業發展的組織文化。

2. 組織文化（organizational culture）

組織文化一詞是指一個組織中所有成員的共同價值和信仰，工作場所的文化對於穩定整個組織的運作非常重要。組織文化是組織建立的基礎，組織文化的建立是對品質管理非常重要，組織文化是一種客觀的現象，可以影響組織從內部進行改變。21世紀的服務產業就是品質的世紀，組織的企業文化必須改變，以適應消費市場變化，對消費者關係做有效的管理。大多數組織、企業的價值觀和文化都根深柢固，若沒有經歷重大事件或營利不佳，幾乎不太容易改變，組織文化也要有彈性調整的能力，才能因應快速變化的市場。組織的文化轉變要與服務品質結合，服務品質是組織持續追求的目標，管理者在建立組織文化時，就必須將服務品質作為概念主體，所有支援的概念與之連結，創造一個整體思維的組織文化，透過品質管理計畫並有效執行，達成滿足消費者需求、期待的最終目標。一個好的組織文化，除了要有凝聚力，還要具備創新力，必使組織發展過程能隨著變化不斷創新、持續發展。

3. 員工承諾（employee commitment）

組織可以透過有效的溝通、訓練及未來發展和人員激勵方案，來獲得員工對組織的承諾；管理者可以藉由完善的人力資源計畫，從人員的選、聘、留、用，到合作及承諾，都是達成服務品質目標的重要前奏。人員對

組織沒有認同感、對工作沒有成就感、對未來發展沒有期待，就不可能對組織做出承諾；組織必須關注人員的工作滿意度（成就感、認同感、未來發展），因為組織成員對工作滿意度，與消費者對服務品質的滿意與否，之間存在著高度相關（Childs & Klimoski，1986）。人力資源管理除了要提供組織有的人力，還必須努力提升人員對組織的向心力，滿足工作成就感、提高認同感，讓成員做出與組織共同努力的承諾，再談提升服務品質才會有意義。

四、服務品質競爭優勢

組織對服務品質提升的管理，就是為了找到適合組織發展的競爭優勢，提升競爭優勢可從以下的五個元素，選擇適合組織的方式。

1. 品質

商品、服務傳遞過程的品質穩定性、可靠性的維持，還包括服務設計、服務美學等考慮的因素；經過設計後的服務傳遞過程，和服務中強調感知的美學設計，對消費者感知後滿意和不滿意的判斷影響很大。商品、服務品質被消費者判斷不滿意，半數以上消費者會選擇不再回頭消費，不滿意後的負面評價，經口耳傳遞或網路社群的傳播，帶來商譽衝擊的可能數倍、數十倍的負面影響。

2. 成本

許多公司、企業經營時，為增加獲利，大多在生產過程中，藉著控制或降低成本的方式，除了與同業在價格上有競爭優勢外，也能因此獲得更高利潤。組織運作的營運成本，設備、材料佔去八成以上，人力成本往往兩成不到（Grease，2006），當組織採降低成本增加獲利模式，也必須調整各個佔比的配置，因為人力成本降低，就要精簡人力，對於服務品質的維持是否會有影響，都是在降低成本時的必要考量。

3. 靈活性

組織在運作的過程或採用的經營模式，不會是永遠一成不變的，現在的消費者喜好變化速度越來越快，流行事物的關注，可能從以往半年一個

循環，縮短到三個月、一個月，組織要在這麼快速變化的市場找到競爭優勢，組織就一定要有因應變化並靈活反應的能力。要比競爭者對變化做出更快的反應，更快提供新的商品、服務，更早滿足消費者需求，嗅出市場變化、靈活做出反應，動作再快也是跟著流行走，回溯以往類似蛋塔的熱潮，一味跟風模式，對於組織長久、穩定經營有一定的風險；若組織營運策略是以創新帶領消費的模式，而非一味模仿跟風，就更能創造出異於對手的競爭優勢。

4. 消費者回饋迅速且即時

對市場變化反應靈活，就能快速提供消費者所期待的商品或服務，也就是當了解消費者需求後，傳遞商品、服務的過程必須講求速度或效率。快又有效率的服務在如今的消費市場，已經是標準化的配備了，因為服務的傳遞講求速度，Just in Time Service就是即時服務，在消費者需要的當下提供服務，而不是在消費者提出要求後做出的即時服務。更快速並即時地提供服務，加快服務傳遞的速度，減少消費者等待的時間，也是一種與競爭對手做出差異所產生的優勢。

5. 品牌價值

消費者對於品牌印象的正面評價，品質好、耐用、形象好……，也就是品牌長時間經營累積的消費者信任，這樣的信任是因為商品、服務的提供，品質有穩定性，可靠性。而商品、服務使用讓消費者覺得信任、可靠，就會對品牌產生黏著度，要與競爭對手相較，品牌價值自然產生競爭優勢。女性多數人會有使用化妝品的習慣，對於相同產品不同品牌的選擇，一樣的品質，不同的價格，當然低價者一定佔有優勢；但是不同價格，價低者品質低劣，而價高者，品質穩定，我相信品質劣的商品絕對不會是愛美朋友的選擇，可靠、信用此時就是絕對的優勢。

五、影響服務品質感知的因素

Parsuraman、Zeithaml和 Berry認為有五種因素會影響消費者對於服務品質的感知判斷，可靠（Reliability）、有形（Tangibles）、回應

（Responsiveness）、同理（Empathy）、保證（Assurance）等，隨著服務型態、方式的改變，許多學者根據這五種因素，也提出了一些其他影響服務品質感知判斷因素的相關說法（Dale、Oakland、Morris、Otto、Gronroose.,etl）。

1. 可靠性（Reliability）

　　服務傳遞過程能準確、可靠地提供對消費者承諾的服務。例如：飯店的自助餐廳，在用餐時間所有食物的提供必須滿足消費者取餐的需求，餐具、食物短少必須即時補充。搭乘高鐵從臺北到高雄左營101班次，預計1小時40分鐘抵達，在沒有特殊不可控制的原因發生，高鐵101班次從臺北出發，就必須在1小時40分鐘以內抵達高雄左營。

2. 有形物（Tangibles）

　　有形物包含了可見的設施、工具、環境和人員的外觀與儀態。服務品質傳遞過程雖然是一種抽象、不易具體言說的感知狀態，但在這個傳遞過程中與服務品質相關的所有有形的環境、設施與服務人員的外在狀態表現，都可能會是影響服務品質感知的重要原因。例如：用餐環境髒亂吵雜、餐具不潔、服務人員衣著不整、廁所飄出異味，提供的食物味道再好，都一定會影響消費者再度消費的意願。

3. 回應性（Responsiveness）

　　能夠有效並即時處理消費者抱怨或需求。臺北到洛杉機飛行時間12小時，起飛後搭機乘客的娛樂控制系統故障，無法正常使用，向客艙組員反應要如何處理？確認機上有無其他空位？空位娛樂控系統是否能正常操作？乘客是否願意換位？如果沒有其他空位，有無其他即刻解決乘客問題的方法？都是影響服務品質的因素。當指消費者體驗服務時，服務提供及傳遞者給予的服務是否在最適當的時間做最適當的服務？也就是服務的即時性。Just in Time Servive的服務提供，也必須是持續、一致，才能使消費者感知服務強調的品質。

4. 同理心（Empathy）

　　這裡強調的是人員傳遞服務時，在執行工作、任務時是否有高度意願

和同理心，也就是我們服務人員在執行任務或傳遞服務的過程，對服務的對象是否關注，關注消費者的需求才會有即時回應的能力，關心消費者的感受才能解決問題。例如：快遞服務人員在時間的壓力下，也必須注意物件在運送過程中的完整性，如果一個一個生日蛋糕送到壽星的手中，因為運送過程發生碰撞，蛋糕上的玫瑰花可能變成蓮花，看到這樣的蛋糕應該不會有人開心。所以在服務傳遞的過程中的每一個步驟、環節，都必須注意可能影響消費者感覺不佳的因素，以消費者的立場設事，關注消費者的感受，才能避免因為缺失所影響服務品質。

5. 保證（Assurance）

提供誠實的商品、服務，是獲得消費者信任基本原則，也是一種承諾。消費者對於提供者商品、服務品質的信任，就是業者的品牌、商譽承諾保證的結果；對於服務業而言，服務人員傳遞服務過程中的專業、態度，都是影響服務品質的原因，也都有助於提升消費者對企業或組織的信任。

6. 職能（Competence）

職能指的是執行這項工作所需具備相關的知識與能力，不同屬性的工作，必須具備該工作屬性應具備的能力，醫師、護士不能害怕看到血，救生員不能怕水；當然，從事與人頻繁接觸的服務業，也必定不能討厭與人溝通，若不喜與人交際、接觸，必定不適合從事對人提供服務的相關行業。例如：房屋仲介、客服人員、飯店服務人員、客艙組員等……，服務人員必須具備提供服務所需的知識、技能與人格特質；醫院護理師，需要具備照護病患的專業醫護知識、技能，最重要的是要有一般人對醫療人員普遍認知的視病如親，具備對人親切、關懷的特質。每一項服務都也應具備專業知識，服務人員傳遞服務的過程中缺乏專業職能的訓練，就會影響消費者對於該項商品、服務品質感知的判斷。

7. 商品、服務取得的便利性（Access）

商品或服務的提供，容易取得與接觸，拜現在3C搜尋資訊快速、便利之賜，幾乎所有服務業提供服務的訊息，都能在強大資訊收集工具中獲

得；相對提高消費者獲得資訊的機會，如今便利的宅配，未來可能的無人載具運送，相較於以往商品、服務取得更具便利性。提供的商品、服務比競爭對手更便利，當然就更有機會提升消費者的消費意願，因此增加市場佔有率。

8. 聯繫（Contact）

服務提供者希望消費者願意購買其所提供的商品、服務，但在購買行為產生之前，商品、服務的相關訊息必須使消費者容易接近、獲得，或是當問題發生能在最短時間內獲得有效解決。餐廳的定位服務，若是長時間無人接聽，或是常常語音回覆人員忙線中請稍後，久而久之，消費者便會因為失去耐性而轉向其他餐廳消費；消費者有問題或抱怨反應時，若當下無法獲得相關資源處理，也必須記錄抱怨或問題的原因與事由，盡快回覆消費者待解的問題。

9. 禮貌（Courtesy）

服務人員與消費者接觸時表現出的儀態、尊重與友善，道好、問候不可或缺，微笑說聲歡迎、謝謝、再光臨，也是少不了的禮貌。例如：客服人員電話那頭雖然看不見表情與肢體動作，但是對話中的措辭用句，是讓對方產生好感的重要因素；得體的用語若再加上配合語境的合宜聲調，便會有畫龍點睛的效果，讓消費者雖然看不到你的表情、動作，卻也能從聲音表情中感受到禮貌與尊重。

10. 安全（Security）

安全是指消費者使用服務的階段，提供其安全、隱密需求的承諾（Otto & Ritchie，1995）；商品、服務提供者要能提供消費者免於危險的環境，服務傳遞過程不能危及人身安全及個人資訊洩漏的風險。銀行提供自動櫃員機（ATM）的服務，周邊監視、警示系統，能否在消費者在提領現金時，提供足夠的安全保障；線上轉帳交易，銀行對於消費者個人資訊的防護系統，是否做到滴水不漏的檢查，都是消費者所關注的安全服務。

11. 溝通（Communication）

除了要注重商品或服務的品質，建立與消費者良好的互動溝通管道，也是贏得消費者忠誠的重要方式。傳遞服務的過程，必須以消費者能夠理解的方式（文字、語言、圖示），隨時提供即時的服務訊息，傾聽消費者意見並改善；根據消費者不同的的習慣語言、文字需求調整，拉近與消費者溝通時的距離，更有助問題與抱怨的處理。例如交通運輸服務業執行定期班次運輸期間，有颱風警報必須停止服務，停止服務的所有訊息的提供，必須採取最有效的方式與消費者溝通，避免因天災取消服務，卻因溝通不良造成消費者抱怨。

12. 一致性（Consistency）

服務品質的一致性，它包含了消費者對於提供者、服務傳遞者的表現是否持續一致，並且值得信賴；也就是提供消費者服務時，消費者感知的品質，與組織承諾的服務品質是否相同、甚至超越，相同的品質維持一致性並且可以信賴。

13. 消費者知識（Customer Knowledge）

消費者知識就是指對消費者的需求和期待有著具體的關注與了解，透過與消費者高度且頻繁的接觸與溝通，才能明確知道他們具體的需求與期待；在可行範圍之內，根據消費者個別需求，提供彈性的調整，一樣能在品質的一致性中做到個別需求的滿足。飛機上經濟艙的消費者與頭等艙的消費者，對於機上服務的需求不同，在設計服務流程時必須依據需求的不同，做出符合需求的設計。

14. 客製化（Customization）

根據消費者個別需求，是否願意並有能力提供其所需的服務品質。例如：客製化的餐飲提供，當消費者提出要求不要辣的麻辣鴨血、不要豬大腸的大腸麵線，服務提供者是否願意接受消費者個別要求，也是提供客製化服務時要考量的因素。（如圖2-1）

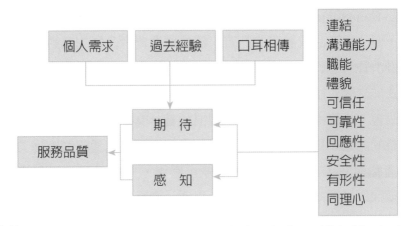

資料來源：Reprinted with permission from Journal of Marketing published by the American Association.

A.parasuraman, Valerte A. Zeithanl, and Leonard L. Berry.

圖2-1　影響服務品質的因素

六、服務品質評估的項目

服務品質好、壞的評估來自於消費者感知後的判斷，這些判斷結果的數據化，就會是商品、服務提供者作為服務品質維護，或是服務品質改善的最佳依據。服務品質評項目大致包含以下項目：

1. 環境整潔

服務雖然有抽象、無形的特性，但仍必須仰賴外在設施、環境等因素的支持，影響感知判斷包含所有服務設施；體驗服務前視覺、聽覺、嗅覺，應該是進入服務環境中，最先能反應影響品質感受的知覺受體，環境的整齊、清潔與否，第一眼就能做出判斷。餐飲服務業的乾淨、整潔是非常著重的，地面、餐桌、椅子、餐具，若有盥洗室或衛生間的提供，就更要時時注意顧客使用後的清潔狀況。

2. 設施動線方向設計

現在出現許多新型態的消費設施，消費場所照明並不明亮，所以當消費者需要起身移動使用其他設施時，引導的人員的解說或標示的設計就要容易了解；另外，對於消費場所、環境、空間設計，是不是符合消費者最

好的動線安排，提供消費者使用空間上的便利。

3. 設施美觀、舒適

視覺是吸引消費者的第一感覺，好看、漂亮的東西令人賞心悅目，大部分的人都會喜歡；消費者在使用商品、服務時，接觸到所有可能使用的設施或環境，未必是要金碧輝煌，但必須是能令其感到舒適、愉快的環境。

4. 人員表現

人員整體工作表現必須包含完成所有工作，工作中當然也包括與消費者之間的應對與互動，是不是有親切、有禮？對於工作的認同，表現是否勤奮、細心？處理消費者抱怨或問題時是否適當？

5. 消費者關注

服務品質由消費者感知判斷，抽象的感覺不容易掌握，但對每一位消費者表達關注，就是傳遞服務品質最有效的方法；能在消費者需要時，適時地表達關心、有耐心、同理心，但關注表達的方式與技巧，必須讓人有被真實關注的感動，而不應該是流於SOP且沒有溫度的應付。

6. 專業職能

職能是指個體在執行任務中的表現，其中包含知識、技能、能力、特質和行為（Boyatzis，1982）。職能就是使任務達成卓越績效的技能或知識，也是個人能力或特質，可使工作達成高績效的關鍵；另外，職能指的是所具備能力的條件及狀態（Hamel& Prahalad，1994），但這樣的條件與狀態也並不是固定不變的，必須不斷努力和學習而產生，也必須持續學習才能維持良好狀態。職能乃是一個人工作上所需的技能、知識、工作動機與所表現出來的特質、行為及能力，也就是個人知識、技術、能力或其他特徵之綜合反應（Spencer& Spencer，1993；成之約、賴佩均，2008；林世安，2011）若未經深入了解而逕入，當發現工作內容與想像不符、工作壓力無法負擔，就算有再多的熱情與夢想支持也不易長久維持。如此，不僅組織無法獲得穩定的人力資源，造成單位人力成本的浪費，對於求職者專業經驗的無法累積和時間成本的付出 （Shehada，2014），都會形成

社會與企業成本的耗費（Boxall, Purcell & Wrighgt，2007）。

7. 消費訊息明確

提供服務的商品容易取得，可供消費的場合、地點明確且具便利性，現在網路使用便利，商品、服務提供者，除了文宣、電視廣告外，還可以將訊息完整的放在網路平臺，以方便網路使用者訊息收集。

8. 功能實用性

商品、服務的提供最終就是要能滿足消費者需求，生產一項商品必須要有滿足消費者實用的能力，也就是滿足消費者實用的需求；若商品、服務只有美觀、價格便宜，但無法滿足消費者實際需求，很快就會被市場淘汰。

9. 承諾與信任

商品提供者對商品品質的承諾，必須是誠實、有信用且公平對待，如此才能與消費者建立互信，建立消費者對商品的信心，提高品牌價值。若一餐飲服務業者，標榜以百分之百新鮮、有機食材作為料理宣傳，並強調較高訂價是因為食材成本所致，消費者為吃得健康也願意買單；但是，當真實狀況並非如此，消費者對於這家品牌失去消費信任，屆時再難挽回消費者的信任。

10. 品質穩定性

供應者提供商品、服務時，其商品的使用情形，和人員的服務都要有持續、穩定的表現；任何一種服務業的服務人員，服務品質都必須具有持續性、穩定性的表現，若消費者第一次的與第二次的消費經驗，其感知經驗有明顯落差，就會影響服務品質的認知判斷。例如：對一次負責接待的服務人員，從頭至尾都面帶笑容；第二次再度消費，一樣的服務過程，唯一不同的是，服務人員表情嚴肅沒有笑容。兩相比較對照，相對第一次的服務過程，絕大多數的人都會覺得服務品質變差了！所以服務品質除了要達到一定標準外，這樣的標準也必須維持一貫性、穩定性，才能讓服務品質所累積的價值不墜。

11. 回應即時性

即時且迅速地將服務傳遞至消費者，快速解決問題，減少等待、排隊的時間。海底撈為解決排隊等候顧客的不耐，排隊專區設有修甲、按摩服務，即便這些服務並不是人人都買單，但這些安排都顯示出，這個店家在乎顧客的感受。

12. 消費安全性

不論是提供什麼樣的產品，消費者在接受服務的過程，除了硬體的舒適、美觀、實用，人員的親切、和善、有禮，最重要的安全絕對不能忽視，因為沒了安全，其他影響服務品質的因素將不存在。線上購物重視的是隱私、資訊安全，娛樂、餐飲消費場所的設施必須安全，逃生設施更是必須，但這些重要的因素往往因便宜行事而被忽略。

13. 服務期待

期待（Expections）對於消費者而言，包含服務獨特性（需要、願望、價值、自我規範），期待因需要而改變，如何形成期待是了解消費者需求的前提之一。服務期待是指消費者在使用商品前的期待值，商品或服務提供者的標的物，被包裝、宣傳後在消費者心中定位的價值；當消費者實際體驗商品後的感知，如果與使用前的期待值產生落差，就會對服務品質的評估發生高、低變化。

七、網路服務品質

以往的服務提供可以面對面、書信、電話等方式進行，隨著實體通路消費型態的改變，虛擬通路消費模式漸漸有取而代之之勢，如今網路服務也是商品、服務提供者需要重視的地方。根據S-QUAL模式，消費者可以根據以下幾點評估網路服務品質的好壞：

1. 易於獲得訊息（Accessibility）

商品在網路是否可見？網站是否容易被搜尋？

2. 商品訊息導航（Navigation）

商品網站、網頁搜尋、移動的設計是否便利？

3. 設計與呈現（Design and Presentation）

從網站、網頁的設計，是否能立即表達商品的意象？

4. 內容與目的（Content and Purpose）

商品網站、網頁設計的內容是否豐富多樣？

5. 準確性與流通性（Currency and Accuracy）

網站、網頁的使用性是否普遍？對於線上消費者問題的回覆是否即時、準確？

6. 互動性、客製化、個人化（Interactivity、Customization、Personalization）

隨著時代改變，消費習慣的改變，網路不再是一對一模式，更多新的社群軟體，增加了群體互動交流模式，讓網路族群，不用出門也能與其他人社交、互動。由於網路交易大多來自於個人，標準商品、服務銷售，無法滿足所有人的需求，依照消費者個人需求所製作的商品或服務的功能，身處現在的網路行銷時代，就有絕對存在的必要。

7. 即時回應（Responsiveness）

網路被設計使用一定要具方便性，當消費者有疑問或使用購買後的商品發生問題時，就會利用網站或網頁解決商品問題，若消費者等待回覆時間過長，必定引起消費者因等待所產生的抱怨，縱使消費者的問題獲得解決，也有可能影響其再度消費的意願。

8. 評價與安全性（Reputation and Security）

網路消費、交易最讓人擔心的就是個資外洩，商品交易過程中，一旦消費者個人資料被駭、被盜用，就會產生交易糾紛，更嚴重的是網路評價負面，一定會因此影響品牌信譽；所以，網站、網頁的安全與否對賣家而言是非常重要的。從Facebook被揭露販賣客戶資料後，股價就一路暴跌7%，市值一下蒸發340億美元，就是代表消費者對於資訊安全不被保護後的反應，影響投資人信心造成Facebook股價下跌。

第四節 服務品質測量

　　雖然服務是一種抽象的感知，但將抽象感知以較具體的方式呈現，才能將服務品質感覺的好與不好數據化，使得服務品質有必要改善的地方，能有一個可供參考的依據；根據A. Parasuraman、Valarie A. Zeithaml、Leonard L. Berry 三位學者，在1988將其於1985年提出的PZB模式純化，最後形成SERVUQAL五個構面的服務量表。

一、服務品質量表設計的構面

1. 有形性（Tangibles）

　　人員、設施與溝通訊息之裝置等有形、可持續性、有質感的實體，能運用這些有形實體提供消費者所需的服務。飯店有等級之分，如果消費者是因為飯店標榜著五星酒店而前往消費，入住前便會以五星級飯店應有的服務人員、設施視之，若缺乏任何一項，或提供的設備無法正常使用，都會在消費者使用過程中，讓期待值不斷降低，使得服務品質的滿意度降低。

2. 可靠性（Reliability）

　　對其所承諾的服務能被確實地執行，許多的消費糾紛產生，有很大一部份的原因是因為提供服務的可靠性，沒有依照承諾被確實執行，或是執行過程中雙方認知的落差，使得服務品質的可靠性打折。

3. 即時性（Responsiveness）

　　當顧客有需求時，能立刻提供服務滿足需求，顧客使用產品的過程發生問題，能給予即時且有效的解決方式。因為許多問題的產生需要即時被解決，若在問題發生時沒有立即提供消費者解決的方法，消費者不滿的情緒會因為期望值降低，而產生放大或加乘的作用。一位到店消費的顧客說：「可以給我一杯水嗎？」侍者送上一杯熱水，但顧客說他想喝冷水，一般人對此時狀況的認知，一定會立即換上一杯冷水，而不會跟顧客說：「等五分鐘，水就會涼了！」。我想若此話一出，修養好的消費者可能臉上掛著三條線，口裡嘟嚷個幾句，但下次絕對不會再來光顧；但碰到情緒

控制不佳的消費者，那肯定不會善罷甘休的！這位天真、坦承且率性的服務人員，接下來收到客訴是少不了的！當然，這家公司或企業的形象也會因此而受傷。

4. 確定性（Assurance）

員工接受專業訓練後，其養成後的能力可以確實提供服務之外，還能憑藉這樣的服務連結，獲得消費者的信任。不管哪一種服務業，提供服務的企業、公司，都有其所屬服務類別的專業，員工從開始到被訓練可以提供服務時，也必須具備一定的專業能力，如此面對狀況時，才有解決問題的基本能力。電商、網購服務已是日常，消費者有問題大多使用線上服務尋求協助，若提供諮詢者的專業不足，除了影響想消費者對商品的信任，也勢必降低消費者的期待值。

5. 同理心（Empathy）

從消費者的角度而言，服務的取得是容易的，有好的溝通與聯繫，對消費者提供適當、個人化的服務，讓消費者感到自己是獨一無二的、被尊重的、被關照的；也就是提供服務者會站在消費者的立場，針對消費者需求的不同，給予適時、適切的照應。一個媽媽帶著2、3歲的小朋友，和

服務品質與管理

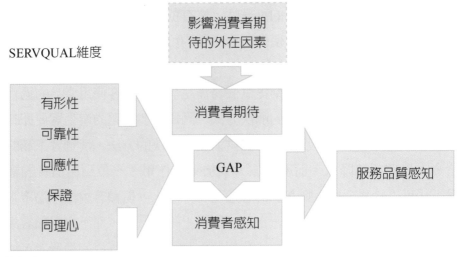

資料來源：Berry、Parasuraman、Zeithaml，2001

圖2-2

三個20出頭的大男生，在同一家餐廳用餐需求一定會有不同；媽媽帶著小朋友的座位安排，如果實際狀況許可，最好不要靠近出餐區、走道，得要避免不受控的小朋友，可能因為碰撞熱湯、熱食導致潑灑而受傷。用餐時小朋友餐椅、餐具的準備，也都是基於同理心為提升服務品質而衍生出的服務。

二、服務品質有形與無形的評估

服務既然是抽象、無形的，就不容易被具體、被量化，但為了要比較或衡量服務品質好與不好，就要有一個可對照的標準，這樣的標準有無形抽象感知評估和有形具體量化評估測量的方式：

1. 有形具體量化的評估

這樣評估的方式是具體的，主體透過測量可以被計數、被量化，包括時間長短設定、數量多寡的計算；收集精確數字做為參考基礎，對於日後不斷累積的數據，才能發揮有效的參考作用。可用於操作過程時間、數量與結果輸出後的測量，根據這些測量得出的數字，可依時間順序先後繪製成容易判讀的圖表，作為修正或預期未來的依據。從獲得的數據資料判斷、評估，並藉著監督與控制，對於標準品質規格的維持是有助益的。

2. 無形抽象感知的評估

感知既然是抽象的就不容易被具體觀察，若要評量一位服務人員工作品質的好壞，無法採用單一觀察的方式判斷，因許多行為可能會在被觀察的當時刻意被隱藏。所以，必須從多方角度觀察後，得到的結果才會比較客觀。多方觀察訊息可以來自服務人員接觸的消費者，與之共事的其他人員或工作相關接觸者；如此，服務人員才能根據被考核觀察後的建議去真正了解消費者的需要，決定是修正或維持，進而積極滿足消費者需求。服務品質評量可以採用小組人員考核、服務品質問卷、消費者意見、抱怨等作為部分評估依據，參考SERVQUAL模式，加強服務品質、質與量的提升。

隨著時間的變化，隨著消費型態、消費方式的改變，提供服務的方式也要跟著變化。服務提供者必須著重消費型態改變而變化，對於因應變化

的態度也必須是長期看待的，如此才能在瞬息萬變的市場中，仍然維持穩定的服務品質。

三、SERVQUAL服務品質量表

美國市場行銷研究學者A. Parasuraman、Valarie A. Zeithaml、Leonard L. Berry（簡稱PZB），於1988年共同合作，將較抽象知覺感受的服務品質量化，使得人們在提供服務時有可依循改善的標準。

SERVUQAL是一種簡明的服務量表的縮寫，稱作多變項感知服務品質量表，以往服務品質是從服務提供者的角度去檢視產品的規格化、標準化；如今所強調的服務品質則不同於以往，將消費者評估使用服務或商品的過程的感知（感受、知覺）予以量化，再將這些量化的數據轉化成可提供公司行號、企業組織內部改善依據，並且作為提升服務品質的參考。

服務品質是由期望和感知之間的差異決定的，Parasuraman 等人（1985年）為評估服務品質發表了一個概念SERVQUAL模型，為衡量消費者對服務品質的看法，爾後，又對該模型做了更多修正，成為提高服務品質衡量的有效工具。我們常在一些餐廳或場所，當服務結束後，常會有服務人員遞上服務品質問卷，提供顧客意見反應，或人員提供服務品質優劣、好壞的勾選。類似這樣的問卷大多依據SERVQUAL量表（如表2-1）發展而來。服務品質評量並不只有單一的服務結果，還包含了服務過程中諮詢服務、過程服務、售後服務的所有環節。SERVQUAL模型確定了衡量服務品質的主要向度 ，模型的開發最初確定與服務品質相關的十個向度，最後反覆測試減少到5個向度。就是可靠性（Reliability）、保證（Assurance）、有形的（Tangibles）、同理心（Empathy）和反應能力（Responsiveness），並由這五個向度中的第一個英文的字母組成RATER。 SERVQUAL模型可以用來分析組織提供服務的表現，是否符合消費者對服務品質需求的工具，SERVQUAL模型可以評量，消費者對服務品質的期待到實際體驗服務感知之間的差距，讓組織了解藉以修正，SERVQUAL模型設計有五個關鍵要素：

1. 可靠性（Reliability）

　　可靠、準確地履行承諾服務的能力，也就是有提供消費者可靠、準確服務的能力。

2. 保證（Assurance）

　　服務人員具備的專業知識和禮貌，能夠獲得消費者信任的能力。

3. 有形設施（Tangible）

　　這裡指的是可以藉觀察、觸摸感覺，並且看得到的有形服務設施，例如：提供服務的硬體設施、環境及服務人員形象等。

4. 同理心（Empthy）

　　能站在消費者立場了解需求，並針對消費者不同需求，提供適當的關心與照顧。

5. 回應能力（Responsiveness）

　　對消費者提供即時服務的意願，也就是能提供迅速且有效率的服務。

　　SERVQUAL最終目的是要了解消費者對服務品質的感知，根據這些實際的感知訊息，優化品質，提供消費者最到位的服務。

表2-1　SERVQUAL量表之22個服務因子

構面	感知評估項目
有形性	1.符合現代化的設施。 2.設施、環境舒適、美觀、整潔。 3.服務人員工服裝儀容整齊、清潔。 4.各項設施和環境與提供的服務內容相符。
可靠性	5.對消費者所做出的承諾，有效並即時完成。 6.消費者遇到問題時，能迅速回應並保證解決。 7.商譽形象信用、可靠。 8.於承諾的時間內提供適當的服務。 9.提供正確的消費者訊息。
回應性	10.未事前告知消費者應注意之事項。 11.組織或服務人員無法提供適當的服務。 12.服務人員的服務態度並不積極。 13.人員提供服務時缺乏效率。

構面	感知評估項目
保證	14.服務人員具備專業能力。 15.接觸時覺得很安全。 16.服務人員態度有禮、親切。 17.組織給予服務人員支援與支持，使其有效完成任務。
同理心	18.無法滿足消費者即時需求的服務。 19.服務人員無法針對個別需求提供適當的服務。 20.服務人員不了解消費者需求與期待。 21.未站在消費者的立場設計服務。 22.無法滿足消費者需求。

資料來源：Parasuruman、Zeithaml and Barry，1988

　　全球的消費市場近十年快速成長，在企業、組織中的績效表現，服務部門的績效增長了60%，但因為服務過程的疏失，造成消費者不滿意或抱怨所產生的費用，在組織服務部門約佔30%至40%（Ghobadian，1994），要了解消費者的抱怨或不滿，可以透過服務品質問卷調查找出問題發生的原因。

　　SERVQUAL是一種多向服務品質的研究方法，SERVQUAL利用問卷調查，要求接受問卷填寫的調查對象填寫，從調查表中五個向度，衡量消費者對服務品質的期待和看法。五個向度共22項，每一個項目均兩兩成對，包括22個與消費者期待相關的題目，及22個與消費者感知相關的題目：與有形設施相關者4題，與可靠性相關者有5題，回應性者有4題，承諾相關者有4題，同理心相關者有5題。

　　問卷的設計必須是以面對面的訪談中進行，為提高統計結果的效度，樣本的數量就必須要夠大；實際的執行過程通常會增加其他相關的題目，類似像受訪者的年齡、性別、教育程度、居住地區，以往的消費經驗以及消費行為，或是有無任何品牌忠誠，對產品滿意或不滿意的行為反應等。最後調查問卷可能由60個題目組成，每一份問卷都需要一個小時以上的時間進行。問卷調查表的題目數量加上抽樣規模的要求，所以會產生人員與資料分析的費用。

測量服務品質要注意的是，在SERVQUAL中，所有類型的題目重要性相同，但這並非適用所有的狀況，必須依據服務提供屬性的不同而略作調整，對影響服務品質較重因素的題目，採加權計算；如此，對於必須依據服務品質調查結果，更能如實反映，使得服務品質修正方向會更準確（Smith，1990）。

第三章
消費者滿意度與服務品質

第一節　消費者服務

　　消費者服務提供是確保消費者對商品或服務滿意的過程，服務行為在為消費者執行交易或傳遞過程時發生，例如：購買商品或退貨，提供的服務可以是消費者當面交易、網購刷卡到府送貨或從自助機臺購買等；但不管是什麼型態的交易方式，你會發現每一種方式都有相應的消費者服務模式標準，每個標準都一定是以消費者為導向設計，如果沒有符合這些令消費者滿意的服務標準，一段時間就會被具備完整服務品質的競爭對手取代。

　　1960年代時對於市場行銷的認知，就是一種交換過程的商業活動。Kotler則認為這個交換的過程，就是市場行銷。市場行銷就是個人或團體與社會交換的過程，透過產品價值的創新、提供、交換，獲取個人所需（Kotler，1969）。

　　時至今日，許多學者認為交換的最終目的，就是藉交換過程，希望最後獲得的價值（商品、服務）能大於放棄的價值（EX：金錢），這樣的心理我們可以用物超所值來形容。這個概念衍生出兩種交換後的感知：

1. 每個人都有希望藉著交換能獲取更多、更好的東西，因此市場行銷通常是要能滿足交換的需求。
2. 行銷概念源自交換，交換後價值是否能被滿足由消費者決定，所以消費者滿意就是所有行銷活動的核心目標。

　　交換後的價值獲得滿足，代表交換標的（物品、服務）的品質能被消費者滿意，消費者對品質滿意與否也就成為20世紀末、21世紀初消費市場的重要研究（Zeitthaml，1989）（Schlossberg，1999）。

　　品質是一種互動經驗過程後相對喜好的程度，之所以以相對一詞作為評估，是因為品質沒有具體形象，感受也是抽象的，觀賞一幅畫作，有人

覺得很有意境、有人覺得梵谷在世、有人看了覺得普通，也就是說感覺和知覺的認知程度因人而異，所以好或壞沒有絕對、只有相對（Juran，1988）。所以在以消費者為導向的市場，提供的商品或服務要如何博得消費者滿意，就是組織必須了解的重要課題。

第二節　有形商品與抽象服務的差異

行銷有形商品與抽象服務的過程其實非常相似，但有形商品與服務之間仍然有一些差異，其中較明顯的差異有以下幾點：

一、服務比商品更具無形性

商品與服務銷售最大差別，就在於有形與無形，有形商品看得見、摸得著，品質好壞從功能、實用性、美觀、材質就能窺知一、二；服務提供雖然有其他有形設施輔助（五星飯店明亮、豪華的大廳），但服務品質的好、壞，必須要在消費者體驗結束後由感知判斷，而體驗服務過程的感知是抽象、無形的。

五星級飯店的豪華設施讓人驚艷，但在Check in櫃檯辦理入住的服務人員，接待入住客人時面無表情，應對進退的禮貌不符合消費者對五星級飯店的期待，服務感知過程雖然抽象、無形，但卻是影響判斷品質好、壞與否的關鍵。

二、服務無法儲存以供未來銷售

有形商品如果沒有售出，可以被收納、儲藏，會計科目中也會以存貨列計，商品的價值仍然被保留，可以等待下一次的交易；但是服務卻無法被儲存，或是放在倉庫中等待銷售，若是今天的服務未售出，就無法留待明日再銷售。例如：飯店的今天的房間沒有賣出，未賣出房間的價值就會在今天結束；這一班次高鐵未售出的座位，出發後空位就不再具有價值；還有我們每天使用的電力，從電廠生產後，沒有使用的電力無法被儲存。

從服務業者角度而言，消費者對於服務商品需求，在高、低峰時的供

應配置比例，對於營運成本的運用是否有效，是非常重要的因素；也就是為什麼年節、寒暑假，飛機票、旅行團、飯店，同樣的航段、艙等、房型，卻因為消費者需求高、低，有價位不同的狀況。

三、提供服務者與消費者有更多的接觸

有形商品販售可能被置於架上，像是賣場中陳列的物件，或是自動販賣機裡的商品。若是外觀、期限沒有太大問題，消費者與櫃臺結帳人員，最多就是在結帳時的短暫接觸。過程中，幾乎不太有機會與商品以外的服務人員產生互動；服務提供傳遞的過程，消費者與服務人員就會有頻繁的接觸。例如：搭乘飛機時，餐食的點選、購買免稅品、機上設施使用需求或是搭機、轉機、當地機場相關規定，舉凡搭機此次搭機的相關問題，乘客只要有需要，客艙組員都會盡其所能的協助解決。類似這樣的服務體驗，服務提供者都會與消費者頻繁接觸，過程中的所有行為與表現，就是消費者判斷服務品質好、壞的關鍵。

四、服務傳遞的過程有更多的變異性

如消費者購買一支手機，從購買到使用，商品品質如果合乎這項產品標準，使用期限內的功能穩定，沒有出現其他問題，消費者對於此項商品品質好、壞的認定，不會有太大的變化；反之，消費者購買服務、體驗服務，在傳遞服務過程中，當出現所有與此項服務相關有形、無形的因素時，都會影響消費者對於此項服務品質的感知。

服務傳遞過程中，服務人員態度不佳、消費者所處環境髒亂、無菸環境用餐卻聞到煙味，種種因素都有可能影響消費者對服務品質的滿意度。當消費者對服務傳遞過程產生不滿、抱怨時，服務人員處理問題的技巧、方式、態度，也會影響消費者的再購意願。所以，無形服務和有形商品感知，之於消費者對於品質的判斷，存在著更多的變異性，服務提供者改善、維護品質時，這些問題的思考必須要更周全。

五、消費者對有形商品、無形服務的期待差異性高

商品的品質好壞，是由商品本身具備的功能、外型、實用性等確知的條件來判斷，所以商品整體在標準以上，消費者對此項商品品質的期待，就會根據這些標準判斷。不同購買者對此項商品品質好、壞期待的判斷落差不會太大。消費者對於無形服務的預期，會因為每個消費者標準不同，或之前消費經驗影響而有所變化。也就是說消費者對於有形商品品質好、壞的期待，可以在商品被售出後的銷售率高、低反應得知，而服務的提供卻無法預知或影響消費者對品質的認定因素。

一樣的客機航班、相同的服務流程，搭機乘客第一次搭乘的位子在經濟艙的第一排，第二次搭乘座位被劃在該艙倒數第二排，第二次餐點服務至倒數第二排已經沒有選擇，而且必須等待的時間更長；無法選擇的期待落差，等待時間延長的焦慮，即使客艙組員有著一樣水準的服務品質，對於消費者而言，第二次的感覺就是沒有第一次好。

六、服務的生產到消費同時進行

商品的製造，從原料、加工到製成商品，大多在工廠製作完成，產品完成後送各個販賣地點銷售，商品必須被製造生產，食物在市場上被消費者購買後使用；服務提供者提供的服務，生產與消費是在同一個時間進行並完成的。例如：三點半放映的電影，觀眾買票進場，電影院裡提供的服務從三點半開始到電影播放結束，服務的生產到消費是同時間開始、結束。

第三節　消費者滿意度與忠誠度

服務品質追求的目的就是要滿足消費者的需求，需求被滿足就會影響服務品質感知，服務感知（Perceived Service）就是指個體被有意義的刺激後，能加以選擇、組織並描述，連結成為一個完整畫面的過程（Schiffman & Kanuk, 1987）；所以，服務傳遞過程中，所有感知結合後形成的畫面讓人感到愉悅，就達到消費者滿意的程度。

消費者滿意度和忠誠度之間存在著差異。消費者滿意度是指商品或服務滿足消費者需求和期待的結果，也就是傳遞商品、服務與消費者期待符合的程度。滿意代表可能再度消費，但消費行為很容易因為價格、實用性、規格等其他考慮因素而改變，對新的品牌轉移購買意願；消費者忠誠度是代表消費者對品牌的黏著度，只要是這個品牌的商品、服務，都會是消費選擇的第一位，如果沒有重大因素的影響，消費者不會有更換品牌的意願。相關論述歸納如下：

一、消費者滿意度（Consumer satisfaction）

滿意被定義為愉快及滿足感，或是因為消費的行為可以滿足些感知，而這些感知過程是令人愉快的（Oliver，1997）。消費者滿意是提供服務的公司、企業所要追求的，但並非所有的消費者的需求都能夠被滿足，對於無法被滿足的消費者，並非全然是因為商品或服務本身的品質不佳，有可能是因為消費者的感知受到影響而導致結果不滿意；因此在關注如何讓消費者滿意時，了解消費者為什麼不滿意也是非常重要的議題。例如：服務業中常會遇到這樣的消費者，在傳遞商品或服務的過程，服務人員並無疏失，但卻遭到消費者投訴、抱怨；經過消費者服務處理後，也沒發現服務人員有什麼可能造成消費者不滿的行為，就必須深入了解真正造成消費者抱怨、不滿的原因為何？市場行銷大部分的研究，大多以消費者滿意和服務品質感知做為評估標準，也就是說，消費者購買意願的形成與消費者滿意度、服務品質感知之間相互作用的影響有絕對相關（Bolton & Drew，1994）。

消費者滿意的定義是滿足消費者的需求和期望，而要滿足這些需求和期待，就意味著人員必須了解，消費者需要什麼？期待什麼？並且有意願持續滿足消費者的需求和期待；所以要了解消費者最好的方式就是傾聽，了解、傾聽消費者的聲音，才能有效的規劃消費者服務，根據訊息作為提供需求及滿足期待的指南。加強消費者服務，要改善組織內部溝通效率，提供消費者即時、無時差服務，提高消費者滿意度。因此與消費者連結是為了了解消費者需求，必須持續性透過消費者回饋（建議、抱怨），發現

目前存在的問題，並立即反應並解決問題。有許多組織的管理文化被習慣和傳統影響，問題發生後解決，並沒有在問題發生前就事先積極預防，現今的服務產業，市場產生變化已經不是經營過程的變數，而是組織營運持續進行的常數。

滿意度是指消費者對服務提供者所提供服務的體驗程度，滿意與不滿意，有時並不和提供的服務有直接的關聯，滿意與不滿意可能被消費者自身情緒問題所影響。服務人員的工作、服務表現都在最佳狀態，但消費者體驗服務過程中，自身情緒被干擾，也會影響當下滿意度的判斷。例如：一名搭機乘客登機前，可能因為行李過重，被航空公司Check in 櫃臺加收了不少行李超重費，而與櫃檯服務人員發生爭執。這樣的情緒大多會持續至登機後，機上的客艙組員提供服務的過程，沒有發生任何令其不滿意的情況，但都有可能因為乘客之前的情緒，影響這個乘客對客艙組員服務的滿意度。

1. 消費者滿意（Consumer Satisfaction）

滿意度是消費者對商品、服務體驗過程後的反應，而服務提供者以這些反應作為品質改善的依據，最終目的就是達成消費者期望的滿足感。商品、服務的體驗過程令人感到愉快，消費者就覺得滿意。

2. 消費者不滿意（Consumer Dissatisfaction）

討論消費者不滿意的研究中，Pardaigm認為造成消費者不滿意的原因，很大部分是相對於之前的經驗與認知，此次的體驗有著對於預期結果的不確定感（expectancy confirmation）（Olshavsky & Miller，1972）；也就是說如果服務提供者的品質，達到或超過預期，那麼消費者就可能對品質感到滿意，反之則否。

3. 回購意願（Repurchase intention）

一般情況下，消費者對於商品、服務的品質感到滿意，就會產生再度購買的意願，也就是回購意願；但我們必須了解，回購意願可能無法反應真實的回購率，也就是回購的意願並不一定造成真實的回購行為，必須透過實際追蹤才能確定他們的實際回購概率（Kaarre，1994）。

二、消費者忠誠度（Customer Loyalty）

　　消費者忠誠可以用重複購買的行為模式來充分說明（Oliver，1999）。消費者忠誠度是指消費者，在未來持續不斷選擇商品、服務的承諾，重複的購買相同品牌或相同品牌的其他商品或服務，重複次數多且時間長，代表消費者的品牌忠誠度高。大部分的消費者一開始對品牌是沒有忠誠度的，但從研究發現，服務商品消費者的品牌忠誠比例，有高於實體商品忠誠度的現象（Coltman，1999）。服務形式很容易被模仿、學習，所以當市場出現相同性質的服務產品，服務品質管理也更加優質，此時消費者當然就會轉而選擇更佳的服務產品；但當管理持續使服務品質持續並穩定維持在高檔，並成為競爭優勢時，消費者就會因需要、期待持續被滿足，對該品牌黏著出現品牌忠誠度。

　　與品牌忠誠度不太相同的是，滿意度是一種短時間體驗商品、服務後的狀態，由提供者傳遞服務，消費者體驗後感知服務品質；品牌忠度是消費者對該商品、服務長時間持續喜好的一種狀態，品牌本身就能滿足消費者的感知（優越感、成就感）。

三、消費者滿意度和消費者忠誠之間的關係

　　消費者的滿意度和忠誠度，一直以來都是服務業在調查消費者滿意度衡量指標的重點，從近來的許多消費糾紛訊息，消費者抱怨的議題也漸漸被重視，消費者抱怨是消費者滿意的相對評價，但滿意的消費者不見得一定有回購率，而會抱怨的消費者卻可能會再度購買。

　　一位航空公司的鑽石卡會員，每每搭乘都會向客艙組員抱怨，你可能會想，一個產品或服務品質讓消費者抱怨，可能下一次就不再搭乘這家航空公司的班機了！但一個能持有鑽石等級的顧客，飛機搭乘時數、次數都必須高於一般搭乘者或是其他等級的會員；這位鑽石卡會員應該對品牌有忠誠度，否則不會在有其他選擇的狀況下一再搭乘，但有趣的是，這位鑽石卡會員一再抱怨，但仍然持續搭乘這家航空公司飛機，若能分析其中原因，應該也能為服務業找出滿意度不代表忠誠度，忠誠度也不表示滿意度

這些差異的原因。

消費者滿意度和消費者忠誠度，兩種表現形式是明確的（Oliver，1997）。好的服務品質，與消費者滿意及市場佔有率，有著必然的因果關係（Danaher & Gallagher）。服務品質好可以帶來消費者高滿意度，但服務品質好不必然帶來消費者忠誠（Stewart，1997）。

滿意度是一次消費使用後的感知狀態，也是持續強化消費反覆體驗動機的觸媒，說明了商品或服務是如何實現消費者滿意和預期。雖然消費者滿足可能不是消費者忠誠的核心要素，特別值得注意的是，如果消費者需求沒有滿足，消費者忠誠就很難被持續發展。所以消費者滿意度與消費者忠誠度是相互影響，但並不是必然的關係，首先必須了解的是消費者忠誠度表現，哪些因素是來自於消費者滿意度的影響？以及哪些消費者滿意的原因，是構成消費者忠誠的因素？如此，才能清楚掌握目標客群的需求，規劃有效服務設計的方向。

四、消費者滿意的重要性

根據研究顯示消費者滿意度會影響再購意願及忠誠度，對商品、服務滿意度高的消費者，會分享或回饋他們愉快的消費體驗給其他人，每一次的分享平均約有五人；至於不滿意度高的消費者，通常會把不愉快的經驗告訴十個人。相較於透過了解消費者滿意調查，和廣告宣傳吸引消費者加入，處理客戶滿意度所花費的成本，遠低於廣告宣傳等費用，消費者再購率與留客率也較高（Zairi，2000）。現代經營管理，以消費者為導向並持續改進服務品質，評估、分析客戶滿意度，以消費者滿意度為基準，有利商品、服務標準化和品質的提升，也有助組織識別。

一些研究顯示認為消費者滿意度的表現，是累積品牌忠誠的開始，與公司營收、市場佔有率都有直接的關聯。當消費者滿意度、忠誠度高時，不但對商品或服務有信任感，也有品牌情感上的依戀；所以，這些消費者會因為品牌忠誠有較高的黏著度，而不會輕易改變喜好並尋找替代品（Oliver，1997）。

消費者滿意是組織朝著目標努力前進的目的，以往的觀念認為，消費者的需求要能滿足，必須仰賴產業的製造生產良率的高低；而今，消費市場型態已經變化，消費者才是產業賴以生存的依據，當消費因者滿意度降而離開，組織便會失去存在的依據。綜上所述將消費者滿意重要性歸納如下：

1. 消費者滿意度可以建立組織與消費者之間的溝通橋樑，為組織的服務品質設計、規劃持續提供可供改善的訊息。
2. 藉此了解過去的服務品質是否滿足消費者需求。
3. 現在進行的服務是否仍然能滿足消費者的期待與需求，更作為未來創新服務設計的參考依據。
4. 根據消費者滿意度調查，了解企業、組織重要的市場競優勢、劣勢，找出品質改善的正確方向。

五、滿意度的測量

近幾十年來服務業對於消費者滿意度越來越重視，也被認為是消費者偏好調查，消費者意見調查提供了有效、直接且有意義的回饋；因此，會將消費者滿意度調查後的參數，作為改善服務品質的依據（Gerson，1993）。

消費者滿意度測量，不僅獲得消費者回饋，也可提高了參與消費者服務過程中，所有人員的參與感與成就感；透過消費者滿意調查，服務人員的服務品質得到消費者認同，會有更好的激勵作用，並能實現更高的工作績效（Wild，1980 & Hill，1996）。常見的消費者滿意度模型，建議管理者使用兩種基本模式提高消費者滿意度（Danaher & Gallagher，1997）：

1. 使用差距分析法來測量消費者期待，和服務感知之間的差距，作為改善、提升服務品質的指標。
2. 利用迴歸分析識別服務品質在提高消費者滿意度的重要性。

六、消費者滿意測量的主要優點

1. 衡量消費者滿意度，有助於評估目前市場競爭力及政爭優勢，並據此設計其未來計畫。

2. 消費者滿意度測量能夠識別潛在的市場機會。

3. 它有助於了解消費者行為，特別是識別和分析消費者需求和期望。

4. 可以改善對消費者的溝通。

5. 透過消費者滿意度測量，還可以檢視新的服務改善計畫執行，對消費者的服務品質感知影響，了解改善後的回饋是否正向。

6. 組織的優勢、劣勢分析，根據消費者的看法和意見，確定競爭的力量判斷。

7. 提供服務人員成就感與動力，增加生產工作績效表現。

七、消費者滿意度評估的要素

消費者滿意度，是服務業組織管理最重要的問題之一，組織為消費者提供最好的服務品質，就是希望藉此可以提高滿意度（Hokinson，1995）；當然，要能讓消費者在體驗服務的過程中，必需要結合各種影響服務品質的不同因素，才能有效完成。這些因素包含了產品和服務功能、消費者情緒、是否被公平對待、口耳相傳等等。

1. 服務功能

消費者滿意調查，了解消費者對提供服務項目或功能的需求與滿意度，並且評估衡量消費者對這些服務功能好壞的看法，和整體服務的滿意度（Zeithaml，2006）。消費者對商品或服務的感知判斷，會影響滿意度，服務項目並不是多就代表服務品質好，服務的功能就是要為滿足消費者，但這些功能是不是服務目標客層所需要的，才是組織在設計服務時要關注的重點。以商務住宿為主的商務飯店，和主打度假休閒的飯店，飯店內、房間裡提供的服務設施一定會依照消費者屬性的不同有所差異；服務業開門營業會遇到各種消費者（一般消費者、老人、小孩、肢體不便者、孕婦），要提供適合消費者需求的服務，才能提高服務滿意度。

2. 消費者情緒

　　情緒也可能受到消費體驗過程的影響，可以引導消費者對服務滿意度的正向判斷，積極、正向情緒比負面情緒，更能影響消費者對服務品質的認定（Zeithaml等，2006）。消費者情緒在商品或服務滿意度中，影響服務品質的判斷可能發生在一瞬間，當一個快樂的服務人員帶著積極的服務的工作態度，面對消費者時，這樣的氣氛很難不影響消費者，令他們的服務體驗感知良好；當消費者在體驗服務過程前之前，因某種原因心情不佳，受到負面情緒的影響，就會因爲某些刺激而做出過度反應，讓消費者無法理性判斷服務品質的好、壞。

3. 服務是否專業

　　專業、熱誠的服務人員，價格有競爭力，整體服務的品質，快捷的服務等等，都是影響滿意度感知的重要原因。除了消費者本身情緒所導致的抱怨與不滿，消費者對於服務品質的滿意度高低，可能受其他原因的影響。例如：整體消費者滿意、人員訓練、態度親切有禮、快速服務結帳準確性、價格有競爭力等……。多數原因是來自於服務傳遞過程中，服務人員訓練的好、壞，直接或間接影響消費者對服務品質的判斷（Zeithaml, etl，2006）。

4. 消費者是否被公平對待

　　消費公平的感知對消費者滿意度有很大影響，消費者通常會觀察，他們是否與其他的消費者一樣，被服務人員公平對待，同樣的購買價格，是不是享有一樣的待遇。購買高鐵自由座的乘客，坐在商務艙的空位上，列車長有沒有請他回到原車廂或是補足價差，會是其他乘客非常在意的重點，是否被公平對待對於消費者而言是非常重要的（Zeithaml，2006）。

5. 其他消費者，家庭成員和同事的經驗分享（口耳相傳）

　　消費者滿意度不僅取決於商品或服務功能，還有服務傳遞過程中，服務人員的專業表現，這些因素影響來自於消費者自身體驗感知；但有時消費者滿意度卻來自於周遭親朋好友的經驗分享，雖然不是親自體驗，卻也會因爲別人的轉述或分享，影響對品牌服務品質的滿意度。例如：家中

成員曾經參加了XX旅行團的12日歐洲豪華之旅，號稱豪華收費當然不便宜，但實際旅遊後的經驗不佳，五星住宿變四星，法式晚餐成下午茶，種種不符合消費期待的服務品質，經親朋好友圈的分享後，縱使未親身體驗這項服務，如果自己有這樣的計畫，肯定不會考慮購買這家旅行社的相同商品。

6. 重大事故影響

　　服務的需求、供應在傳遞過程中，產生不預期的事件，事件處理不當，就會引起消費者的不滿而產生糾紛，或是因為重大事件影響消費者健康或安全，勢必會造成品牌信譽受損。例如：臺灣有許多家食品廠商，因為使用過期原料製作食品，公諸媒體後，品牌形象大傷，如果沒有經過長時間的改善形象的作為，可能經營許久的無形商譽，怕是永遠無法彌補。

八、衡量消費者滿意度的原因

1. 服務業是以滿足消費者需求為導向的市場，將消費者滿意度視為服務商品的價格、品質、特質最後決定的指標（Edosomwan，1993）。
2. 透過評估消費者滿意度，企業、組織可以得知自身在消費市場中的競爭力，依著分析後的數據訊息，為未來服務規劃有效的設計，更有助品質的提升與維護。
3. 可以讓企業或組織了解消費者行為，分析行為找出消費者需求為何？消費者期待是什麼？
4. 藉著消費者滿意調查，幫助找出企業、組織與消費者對於服務品質間的落差（GAP Service Gap）。
5. 從消費者滿意度的數據分析，可以開發消費市場中潛在的顧客。
6. 以消費者滿意為標準的基礎下，開發更多滿意度行為測量，讓企業、組織對商品、服務的改善、提升更有效率。

九、影響消費者滿意度的階段

　　消費者體驗階段滿意度，也就是服務傳遞過程中所產生的滿意度，從接觸到商品（服務）→使用中→結束，這整個過程都會影響消費者對品質

好壞的認定。它包含了：

1. 消費者體驗商品或服務前的好感（形象、廣告、口耳相傳、親友正面經驗分享）而產生的滿意。

2. 服務體驗過程中產生的滿意度（可能被消費過程中發生的問題影響；也可能被問題產生處理過程的滿意度影響）。

3. 服務體驗完成後的階段，消費者的期待及需要是否被滿足。（如圖3-1）

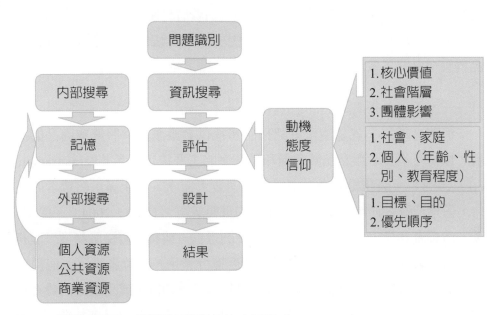

圖3-1　消費者滿意，影響購買行為的決定過程（Hill，1996）

十、提升消費者品牌忠誠度的好處

1. 創造競爭優勢

當品質成為該品牌的競爭優勢時，消費者在市場找到具有相似屬性且類似的替代產品可能更加困難，讓競爭對手也更不容易模仿、學習。

2. 市場區隔

商品或服務的提供者，提供的商品、服務，不僅符合消費者需求，更時時聽取消費者建議不斷改善，能夠即時了解消費者的偏好和品味，對於

商品或品質的要求，甚至超越消費者預期；如此，高品質在市場中會形成對手的競爭障礙，作出市場區隔，消費者會對品牌商品或服務產生依賴，進而成為業者高品牌忠誠支持者。

3. 提高商品定價

　　服務提供者持續達到消費者滿意度的標準，消費者便會表現出更高的品牌忠誠度，可能提高特定的商品、服務的價值。例如：航空公司定價，兩家航空公司，同一時段提供相同機型、相同的服務，飛行一樣的航線，但卻有不同的定價，定價高的航空公司，消費者仍願意買單；這代表了較高訂價者的服務符合消費者對其價值的認同，正代表了高價航空公司服務品質管理發揮了效用。

十一、消費者期待（Customer Expectation）

　　消費者期待，就是消費者認為服務提供者應該提供服務或商品的品質，期待是消費者服務品質評價和滿意度的主要決定因素（Parasuraman, etl，1988）。服務提供者必須了解到消費者需求，才能滿足消費者的期待，管理消費者期待是使消費者滿意的重要議題（Coye，2004）。

　　消費者意見，應該被納入服務設計的過程，消費者體驗服務後，服務提供者應該主動了解消費者的期望是否獲得滿足。消費者購買或使用商品、服務，當提供的商品、服務可以滿足消費者期待，或是超出消費者預期，被定義為品質。品質雖然是一種不具形體、抽象的感知，無法精確算出品質的數值，但有一個定量公式可以說明品質、績效和消費者期待的關係。

$$Q=P/E$$

Q-Quality 品質
P-Performance 績效
E-Expectations 消費者期待

　　前面提到許多消費者期待的定義或說法，了解到消費者期待與感知的

變化，會因爲環境或個人因素，產生截然不同的結果。依據期待高低，分別有下列幾個層次：（如圖3-2）

理想期待

超越預期期待

預期的期待（高於預期期待）

最低可接受的程度

預期的期待（低於預期期待）

最糟可能發生的狀況

資料來源：R.T. Rust, A.J. Zahorik & T.L. Kelningham，Return on Quality,1994

圖3-2　消費者期待層次

1. 理想期待（Ideal Expectations）

　　理想的期待是指對服務體驗完美的期待，消費希望能在體驗過程中得到預期期待的滿足，在最理想的狀態下可能發生的結果，最終能滿足或超越消費者期待。

2. 實際期待（Should Expectations）

　　消費者認爲在消費過程感知，應與實際應得的期待相同，例如，高價牛排餐廳，在消費者認知中，食物一定非常美味、服務必定親切，也就是定價高檔，就必須符合消費者對於高、貴的認知規範期待。

3. 經驗期待（Experience-based Norms Expectations）

　　經驗期待是消費者在體驗這項服務前，可能會有的預期認知，這樣的預期認知，是由過去的服務經驗感知判斷影響的結果，最終的預期標準可達到的期望。

4. 可接受期待（Acceptable Expectations）

　　消費者對於服務品質期待與實際經驗可能產生的落差，這樣的落差在消費者的認知下，是可以被接受的。一家好吃的港式料理，食物非常好吃，假日用餐人潮多，服務人員爲了加快服務速度，臉上少了平日該有的笑容，這樣的服務是上門顧客可以接受的期待範圍。

5. 最低容忍期待（Minimun Tolerable Expectations）

消費者對期待最低的認知，就是期待的結果必須到達最低可以忍受的範圍。例如：年節返鄉高峰期，買到一張高鐵對號座車票，但因返家人潮多，路上塞車，致無法搭上預計搭乘班次，這時趕搭這班高鐵的消費者，只能期待趕上最後一班高鐵。此時，消費者的最低期望就是搭上最後一班返家的高鐵列車，對於上車後能否有位子可坐已不抱希望，因為某些因素趕不到原定班次，能搭上最末班次已是最低期待。

十二、消費者體驗

消費者體驗管理著重在鼓勵消費者，讓感官全然浸潤的過程中獲得難忘的體驗（Pine & Gilmore，1998）。消費者的體驗不是目的導向的行為，是一種內在情感，也是對商品的預期想像，包括情感的、有趣的等不同情緒的交流（Heinonen，2010）。消費商品可以是任何東西，服務是一種將商品傳遞至消費者的過程，而消費者體驗，就是消費者對服務過程的個人感知（Johnston & Kong，2011）。

消費者體驗，是由許多複雜感知與周遭環境活動，相互作用後的結果（Martin & Woodside，2011）；同時，消費者行為也受到過去的經驗支配，感知和內在複雜的心理，會因為喚起以往記憶而影響判斷。所以對於消費者而言，能造成個人進步與快樂、愉悅的感覺，是令他們對體驗後高度評價的關鍵因素（Klaus & Maklan，2012）。從組織的角度而言，消費者體驗是經由組織設計後，提供給消費者的服務體驗，是一個計畫、控制的過程。消費者體驗和消費者期待都是一種感知過程的心理狀態，過程都會受到不確定因素和情緒的影響，都會與之前的消費經驗結合，舊的經驗與新的體驗總和判斷後，就會產生期待值的落差；也就是消費者對產品預期和實際體驗後的感知差異的反應，也是滿意度高、低的判斷的方式。

十三、消費者體驗分為三個階段

1. 購買前

獲得資訊→明確需求→尋求解決方法→服務提供者確認→創造期待。

第一階段購買前主要關注的是，能否滿足消費者對商品或服務需求，喚醒消費者對商品或服務需求的慾望，進而想要獲得所要提供商品或服務的相關訊息。

2. 獲得服務

消費經驗品質→五感體驗→時間、成本、價值是否等值→服務傳遞人員是否專業。

3. 服務結束

需要是否被滿足→服務提供者是否做到承諾→是否會再次消費。

十四、影響消費者期待的內部因素

許多研究普遍認為消費者，對過去的所有的消費經驗，已經被內化成一種感知的標準，這個標準就是消費者經驗內化後的認知，也就形成影響消費者期待的內部因素：

1. 個人消費經驗

個人消費經驗又包含新近回憶效應（Easy of Recall）、鮮明記憶（Vividness of Recall），消費者研究中，因為大腦機制處理模式的影響，負面的消費經驗與正面消費經驗的記憶來的多。而最近的消費經驗對消費者期待，也比時間距離較久的記憶影響來得大。影響消費者期待的內部因素新近回憶效應外，另一個就是曾經發生的消費經驗，這個消費經驗影響生動具有獨特性，也就因為經驗的獨特性，當時的畫面讓人記憶會更清楚，並被長時間的記憶。圖像往往又比文字描述更生動，也讓人容易記憶，所以影像之所以一直是商品、服務廣告處理的模式，就一點也不令人意外了。

2. 價格、形象、實際體驗、服務保證

對能影響消費者感知服務的好、壞。服務過程消費遇到任何問題，都必須在最短時間解決問題，目標是在每一次服務的提供，都能讓消費者感到滿意。利用溝通實際了解消費者的經驗，藉此再次強化服務形象，主動管理消費者體驗服務的實證，強化消費者感知，了解消費者行為，作

為消費者滿意指標的評量標準。另外組織的管理者能夠將提供的服務標準化，就能減少消費者期待和實際提供服務感知後的差距。服務是為個別消費者量身定制的，很難制定具體的標準，但透過硬體設施的功能或技術代替人工，也就是將步驟簡單、重複性高的服務流程機械化、電腦化；並提供服務人員的溝通技巧訓練，也能夠將服務標準化，進而提升服務品質（Levitt，1976）。

3. 抱怨處理

　　除了少數不理性消費者外，一般消費者對於商品或服務傳遞過程，因為不滿意而生的抱怨，抱怨可能是一種情緒的發洩，但也很有可能是立意良善的建議；若能如實紀錄消費者抱怨過程及引起抱怨的原因，就會是組織改善消費者服務品質的最好方式。有許多抱怨狀況是發生在服務傳遞過程中出現的問題，比如：消費者點了牛排，但來了一份魚柳；搭機旅客登機後發現重複劃位，這些疏失也許經常會發生，但消費者在體驗服務前並不會預期，這些問題會發生在自己身上，當相同問題出現，也可能因為不同的人，經過處理後產生截然不同的結果。出現問題後的處理，也就是消費者抱怨發生時做出的反應，處理抱怨的過程也會影響消費者滿意度；抱怨處理者及消費者都有不同的情緒反應，也許問題發生一開始，消費者並沒有太多的負面情緒，但若此時的處理過程又產生其他問題，那就可能衍生更多的問題（蝴蝶效應）。抱怨處理也是服務品質的一部份，以往服務業都著重在商品、服務，是否符合消費者需求、滿足消費者期待，設計所有的服物流程，都是依著這樣的概念執行，卻忽略了消費者抱怨處理的相應規劃。許多服務業是收到抱怨後，統籌交由客服中心或服務管理部門處理，這樣的好處也便於系統化的管理，但通常抱怨處理者都是第一線的服務人員，問題發生的實際狀況與來龍去脈，也是當下處理的服務人員最了解，若能在問題發生當下即時處理，就能避免更多衍生性的問題。服務人員能夠有效處理抱怨，必須有組織授權，若問題來自於服務提供者，處理消費者抱怨時，會產生一些基本服務以外的必要補償，這些付出在可接受的範圍下，要獲得組織或管理者的授權。管理者對於服務人員處理抱怨

方式的結果要能支持，我們常常看到一些企業面對服務人員處理消費者抱怨，假設服務人員並無疏失，組織必須要支持並認同員工的做法；這樣的效果，會讓員工有被保護的感覺，產生向心力、認同感，就能減少勞、資雙方的對立與衝突。許多較大型的服務業時時會定期調查消費者滿意度，並根據消費者滿意度進行分析，但可能忽略了服務在傳遞過程中，因為不預期的問題發生所導致的消費者抱怨，及抱怨處理過程不當而產生的負面影響。了解消費者為何流失，確認消費者不滿意的原因，找出不滿及抱怨的共同點即時修正，並加強與消費者溝通管道的功能，一條線的消費者抱怨處理，簡化層層會報管理模式，問題解決強調即時性。分析消費者抱怨後發現，即時性、準確性和回應性等，是影響服務品質感知的重要因素。

十五、影響消費者期待的外部因素

1. 廣告、文宣（Promotional Claims）

服務提供者利用商品、服務的廣告、宣傳吸引消費者注意，消費者就可從這些廣告、宣傳獲得商品、服務的訊息，強調商品、服務的好，就可能會加強消費者購買慾望。

2. 口耳相傳（Word of Mouth）

不論是正面評價亦或是負面評價，口耳相傳的溝通傳遞，都是非常有效的訊息傳播方法。一個沒有實際體驗的消費者，從親朋好友的經驗分享得知訊息，不佳的經驗分享就會降低接收訊息者的購買慾。

3. 權威的第三方建議（Third-Party Information）

除了廣告宣傳、口耳相傳，權威的三方建議也是影響消費者期待的外部因素之一，權威的三方通常指的是該領域的專家、意見領袖，或是政府部門或非官方的機構，對於該項訊息的傳播有一定的可信度。消費者往往對於權威的三方的訊息來源，多半信任且認同，我們常會見到許多健康食品推廣介紹時，都會援引相關權威機構或醫學專家建議，來增強消費者對商品或服務的期待。

4. 產品訊息（Product Cues）

　　產品訊息對消費者而言，是一種影響消費者期待的外在因素，產品訊息包括價格、功能、品牌、企業形象、獨特性。通常消費者在購買商品或服務時，會先考慮價格的高、低，再決定是否購買，但如果消費者在意的是品質，價格的影響就會降低，價格高相對而言，就是消費者對於品質有較高的期待。品牌與形象也代表著在消費者經驗中，品質符合消費者心中的期待，服務的形象會影響消費者對服務品質的看法，由廣告、口耳相傳和實際體驗後感知的結合，在消費者心中建立信任。服務形象也會影響消費者對服務品質的判斷，也會因此決定價格的高、低。

十六、控制影響消費者期待的因素

　　影響消費者期待有許多種因素：商品服務的功能發生缺陷、商品服務提供者與消費者缺乏溝通、服務人員缺乏專業、消費者過去經驗的影響等等，都是服務品質期待差距產生的因素。分析原因有來自於消費者本身認知的內在因素，或由組織提供商品、服務相關訊息的外部因素影響。所有的因素都會影響消費者對服務品質的期待，而這些因素有些在事前是可以被有效控制的。例如：誇大不實的廣告宣傳，承諾可以實際傳遞給消費者的服務並不明確，導致雙方產生認知差異，就會影響消費者對商品品質的觀感。組織把影響消費者期待的可控制因素，在規劃設計服務之初就加以規劃、掌握，就能減少消費者對服務品質期待出現的落差。相關可控因素分數如後：

1. 個人需求

　　可利用市場行銷研究了解可能衍生的服務期待，鼓勵消費者在體驗服務的過程，能清楚表達自己的需要，藉以規劃消費者個人化的服務設計，當消費者提出個人化服務的要求時，組織才會有能力提供相應服務。

2. 感知服務替代性

　　因為服務是無形的、可變的，並且會隨著時間和空間改變，今天和朋友到一家咖啡廳喝一杯熱美式的感覺，不代表下一次來同一家咖啡廳，點

同樣的咖啡會有相同的感覺。因為，個體在不同情境下會影響知覺對事物的感知判斷，無法絕對有效控制周遭環境的影響，就是種不可控制的因素。於最佳時機提供相應的服務，就會是最好的服務，消費者排隊等待服務時，店家在此時提供按摩椅、修甲服務，或是線上即時互動遊戲，都能讓消費者消磨枯燥、乏味的等待時間，讓此時等待不耐的感知會被其他有趣味的事物吸引，因此提供留客率。

3. 過去經驗

　　利用市場行銷研究調查，描繪消費者之前體驗類似服務的經驗，了解不同性別、年齡、職業、教育程度、習慣、喜好，過去體驗相同服務、商品後的感知有何相似或不同之處，不同的原因為何？調查研究資訊作為提供商品、服務個別化服務設計的參考。

4. 預期服務

　　過去經驗會是影響消費者對服務品質預期的重要因素，市場定位後的目標消費者的背景研究、過去消費經驗調查，可以幫助組織了解消費者對於服務品質的要求與期待，在設計服務時較能實際貼近消費者真實需求並滿足期待，減少服務差異（Service Gap）的產生。

5. 口耳相傳式的溝通

　　致力於市場行銷與社群網路調查，並藉網路社群連結、口耳相傳溝通模式，找出具有影響力者或是意見領袖的觀點，也能因此了解一般普羅大眾的看法，根據接收到的訊息對提供的服務調整、修正。（如圖3-3）

十七、消費者期待對服務滿意度的影響

　　市場行銷概念的重要目標，是為滿足消費者需求（Raymond P. Fisk，1981），對服務品質期待已成為消費者滿意度研究的核心，而消費者滿意度通常被定義為對產品性能預期的確認（Oliver.; etl ，1980）（Trawick & Carroll，1982），從以往消費者滿意度研究，到服務品質管理與消費者滿意度關係的研究，顯示服務品質管理的確能有效掌握消費者需求與期待（Cardozo，1965）。

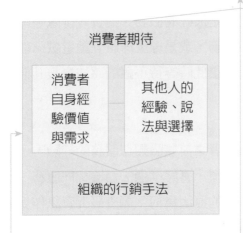
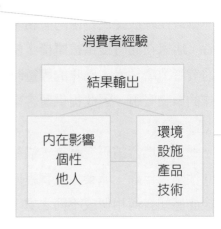

服務品質

消費者期待

消費者
自身經
驗價值
與需求

其他人的
經驗、說
法與選擇

組織的行銷手法

消費者經驗

結果輸出

內在影響
個性
他人

環境
設施
產品
技術

消費者對服務提供者品質的印象

資料來源：Isovita & Lahtinen，1994

圖3-3

　　消費者期望和滿意度研究提供的訊息顯示，如果產品的品質達不到消費者對服務的預期，那麼在產品使用之前預期高於使用後的實際感覺，就會導致消費者對產品的負面看法增加，這種效果在學術研究中稱為對比效果（Cardozo，1965）（Anderson，1973））。

大補帖

1. 對比效應（contrast effect）——對比效應是一心理學名詞，同一個刺激物因為環境不同而產生感覺差異的現象，又稱知覺對比。若把黑色把它放在白色的背景，白色就顯得特別明亮，而黑色換成灰色，放在相同白色的背景，此時的白色就看來暗沉些。Olshavsky和Miller（1972）、Olson和Dover（1976,1979）的其他研究提供的說明，即使產品實際表現不佳，在使用前提高預期也會增加對產品性能的認識，這種明顯矛盾的效果被稱為不和諧或同化效應。

2. 同化效應（Assimilation effect）——指人在與人或與某群體的人長時間相處後，其行為與態度會漸漸和這些人的行為與態度相仿、接近；是個體對所處外在環境一種不自覺的調適，也是一種潛移默化的作用。

第四節 服務品質差距模型（Service Quality Gaps Model）

現在的消費者對於服務品質的要求越來越高，各個產業的市場競爭，除了不斷優化自家產品功能外，對於消費者服務品質的重視更甚以往；因為，要了解消費者的需求，才能根據這些需求設計出最符合消費者的商品，或是提供消費者最即時的服務。常常有許多組織管理者，的確在消費者服務品質上下了許多工夫，但卻仍得不到該有的效果，最大的問題就是服務提供者的認知，與消費者對於服務品質的實際需求或是想法存有落差，所以找出雙方認知差距的原因，才能針對消費者需求設計出最適合的服務。

服務差距（Service Gap）的一些討論及研究，可以解釋消費者與服務品質間認知的差異，縱使服務的傳遞經過妥善的設計，服務差距（Service Gap）仍然會導致消費者的不滿，有效的溝通是修復服務差異（Service Gap）最好的方法。

感知抽象、無形、不易被測量，所以消費者滿意度調查設計，就必須花費精力收集資料、測量及分析結果；最後的結果才能有效的找出消費者與組織間需求認定的差異，認知差異的結果就會導致消費者不滿意或產生抱怨。服務差距（Service Gap）是服務品質概念模型的核心概念（SERVQUAL），在分析商品、服務品質的表現，了解消費者真實的需求是什麼？藉以設計出符合消費者需求的服務，才能減少認知差距，提升服務品質更有效率（Spreng & olshavsky）。

一、服務差距（Service Gap）

服務品質差距（Service Gap），是指消費者預期服務品質與實際體驗結果感知之間的差距，差距的大、小，對感知結果好、壞影響的作用很大，消費者的感知經驗影響著他對品質的判斷。組織的管理者必須正確了解消費者的期待，從消費者立場去了解對商品、服務的品質有什麼樣的期待，而不是以組織角度思考消費者期待的服務品質（Christopher, etl，

2002）。

　　消費者滿意是一種感知，而每個人的感知狀態和結果也不盡相同，所以當組織為商品、服務設計及規劃時，就可能會因為服務提供者認為的消費者需求，與消費者本身認為的需求有差異，這個差異就是服務差距（Service Gap）。當較少的需求對消費者認為是足夠的狀況下，滿足消費者需求，或許並不像組織所認為的那麼多，也就是被組織認為令人滿意的品質，事實上並不符合消費者的需求；所以，服務提供的多、寡，並不是決定服務品質好、壞的主要因素，而是在於服務提供的恰當與即時，過猶不及都不佳，恰如其分的拿捏才是門道。

　　服務品質差距就是消費者預期服務品質的程度與實際經驗後感知的差距，這就代表感知的好與壞，會影響品質的判斷，因為消費者感知是影響判斷的重要因素；除此之外，造成服務品質差距的因素還有過去的經驗，消費者在使用該服務前，有著相同或類似的經驗，這個過去經驗的好、壞，也會影響當下服務體驗後的感知判斷。

　　服務品質主要來自於消費者對於服務的感知，就是消費者對服務品質的期待，與實際接收後感知判斷間平衡的關係。消費者實際感知等於或大於對服務品質的期待，消費者對結果產生滿意；消費者實際感知少於服務品質期待，結果就會產生不滿意或抱怨。Zeithalml、Berry和Parasuraman提出的服務品質模型，更明確的區分為以下幾種差距，也就是一般我們了解的服務品質差距模型（The Service Quality Model）（如圖3-4）或是5個差距模型（5GAP Model）。

　　造成消費者與提供服務者，對於服務品質感知產生差距的原因有許多種，服務品質差距模型（Service Quality Gaps Model）包括1.認知差距（Knowledge Gap）、2.標準差距（Standards Gap）、3.傳遞差距（Delivery Gap）、4.溝通差距（Communication Gap）、5.感知差距（Perception Gap），分述如下：

1. 認知差距（Knowledge Gap、Gap1）

　　<u>消費者期待 VS. 消費者期待管理</u>。認知、了解的差距是消費者對服

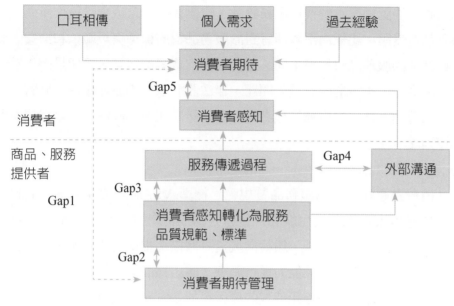

Parasuraman, Zeithaml & Berry，1985

圖3-4　服務品質差距模型

務品質的期望與組織提供服務之間的差異，組織管理者並沒有意識到消費者對商品、服務的期待，和組織認為應該提供消費者什麼樣的服務間會產生落差。簡單的說，就是提供在市場上的商品、服務，組織管理者認知那是消費者需要的，但實則不然；縮小消費者對服務的期望與組織管理對提供服務認知之間的差距，就必須正確掌握目標市場的消費者需求。對於消費者的需求和需求優先順序的錯誤理解，就是組織管理者，對於消費者期待的判斷認知不夠確實所致，產生對於問題了解與認知上的差距。這樣的差距代表著組織滿足消費者期待的判斷，並不符合消費者的需求，以消費者為導向的服務產業，必須清楚地了解消費者對服務的需求，才能做出與實際狀況相符的決策。

2. 標準差距（Standards Gap、Gap 2）

　　組織管理認知 VS. 消費者感知轉化為服務品質規範、標準。標準差距指的是組織管理認知、定義的消費者需求，並不符合消費者實際需求，

卻再將這些認知需求轉換成服務設計、規劃標準，當成實際運作所產生的服務品質差距。組織內部管理者對於服務品質的標準與規範，和消費者認知或期待的服務品質標準不同；即使了解消費者的需求，可能是因為缺乏經費或資源，也可能因為技術問題，無法設計適當的服務標準。同時，組織內部管理不佳，或組織管理者對品質承諾問題並不關注，也是造成差距的原因之一。

3. 傳遞差距（Delivery Gap、Gap3）

消費者感知轉化為服務品質規範、標準 VS. 服務傳遞過程。服務實際操作過程人員表現發生缺失，也就是服務設計執行標準，與服務實際傳遞過程之間產生的差距。組織向成員具體描述提供消費者所需的服務品質，但未能對人員的專業能力進行訓練，讓組織的服務策略無法確實付諸實行。因此，服務傳遞差距造成的原因可能是，服務人員專業的不足，對於消費者抱怨無法有效處理，組織的人力資源配置不當，導致團隊缺乏達成服務品質的共識。

4. 溝通差距（Communication Gap、Gap4）

服務傳遞過程 VS. 外部溝通。服務溝通差距說的是，商品、服務在廣告宣傳描述的，不同或少於實際服務提供的內容所產生的差距，組織透過廣告媒體和傳播過度的承諾，會增加消費者的期待，當過度承諾與實際服務體驗感知不符時，就會產生溝通差距。廣告、宣傳吸引消費者購買，消費者從廣告、宣傳獲得對商品、服務的訊息與內容，也就產生了消費前的預期期待；但可能因為宣傳誇大，或宣傳詞彙、意象模糊，使得消費者實際體驗的滿意度，與接收宣傳後的認知產生差異。當承諾的服務與預期的服務不符產生失望情緒，就會轉而尋求其他替代商品或服務。

5. 感知差距（Perception Gap、Gap5）

感知差距是將消費者期待轉化組織服務流程及系統，在實際執行後，卻未達到預期結果所產生的落差。消費者期待並沒有被確實轉換成適當的操作程序，造成服務流程在設計、規劃及實際傳遞服務的過程，無法滿足消費者期待所產生。政策差距是指組織管理者的服務方法和策略，沒有清

楚轉換成組織成員可依循的服務標準，或是將消費者期待轉化為具體的服務品質，在傳遞服務的過程發生問題，也可能服務的規劃、設計，無法隨著需求變化持續更新，進而提供消費者更好服務所導致的問題（Kasper et al., 1999）。

二、服務品質差距產生的因素

服務品質差距是事實和感知的結合，組織必須了解期待是消費者所期望的服務品質，而不是組織所認知的期待。服務提供者所提供的服務品質，可能超過消費者對商品、服務標準的需求，但卻不符合消費者的實際需求，造成差距的因素：

1. 組織不了解消費者的需要與期待所產生的差距。
2. 沒有根據消費者需求，選擇符合需求與期待的服務設計、規劃。
3. 組織提供的服務無法標準化，消費者不同以往消費經驗所產生的服務品質差距。
4. 組織承諾提供的商品與服務，與消費者認知不同所產生的差距。
5. 服務品質差距5是服務品質差距1到4的總和，是期望和感知差距總體的表現。

如果是組織的內部服務品質標準出現誤差，可以從消費者抱怨、建議中發現組織認知的服務品質，低於消費者對品質的預期要求，就必須找出造成這種誤差的原因。這可能是因為消費者的感知可能受到了負面訊息的影響（勞資糾紛、消費者投訴、產品安全），也可能是因為組織沒有正確了解消費者需要和期待，或者是組織的能力無法達到消費者對品質的標準。將差距模型與服務品質的概念結合，如果消費者對服務品質預期的差距，和實際服務品質感知之間有落差，就會導致服務差距（Service Gap）。許多有關服務品質的研究中，認為消費者需求與期待的認知是主觀的、可以被預測、但不是恆常不變的（BlaNchard & Galloway，1994）。消費者和服務提供者之間的互動，可以改善服務品質，消費者對服務品質還是滿意度，都可以透過建議或抱怨的方法，讓服務提供者了

解，從這些訊息中知道消費者需求與期待，所以對於服務提供者來說，服務品質是可以被預測的。

第五節　服務品質改善

　　根據上一節所探討的服務品質差距模型探討，充分說明組織透過消費者期待管理，將消費者感知轉化為服務品質規範與標準，再經過服務傳遞及消費者感知，來滿足消費者期待過程中，消費者與組織間每個階段間的認知差距。但如何來改善服務品質，我們當然可以從服務的商品（Service Product）、服務的環境（Service Environment）、服務的傳遞（Service Delivery）這三個因素做基本的探討和改善。

　　如「服務產品」是一種被設計用來交付給消費者使用的東西，這樣的的產品具有特定功能，還包含了明確提供的服務標的。商品內容要根據目標市場消費者的需求設計，也就是在進行市場調查後，找出商品定位了解目標市場客群的需求，針對需求設計出最符合消費者的產品。另外「服務環境」包括兩個面向，一是內部服務環境，一是外部服務環境。內部環境是指組織內部管理，透過服務計畫控制，可以確保內部組織結構穩定，能持續提供優質的服務；外部服務環境指的是服務設施和服務環境的氣氛，包含了空間、象徵元素、設施功能、環境氛圍所構成的服務場域（Ward，1992）。最後我們來看「服務傳遞」，服務人員是傳遞服務的介質，傳遞服務的過程，品質的好、壞，端賴服務人員與消費者間的互動，專業、親切、積極並善於溝通，是觀察服務人員的重要績效指標；服務品質由消費者感知判斷，傳遞服務的服務人員的每個表現，正代表者組織對於服務品質的態度。透由上述檢要的探討，以下再進入服務品質差距模型個別從差距的因素逐一深入探討改善方式。

一、認知差距（Knowledge Gap、Gap1）的原因

　　Gap1認知差距（如圖3-5）是消費者期待和需求，與組織管理者認知的消費者需求之間產生的落差，如果沒有經過實際、有效的調查，這樣的

服務品質差距

| 消費者期待 | | 組織認知的消費者期待 |

Gap1-認知差距
◆缺乏市場調查研究
◆市場定位不明確
◆組織管理者與第一線服務人員缺乏溝通
◆未執行有效的消費者關係管理
◆服務品質缺乏有效改善

圖3-5　服務品質認知差距

差異可能會因為消費者與組織管理者不同的經驗、背景，如：於過去的經驗（成長、學習環境）、親朋好友的口耳相傳、商業廣告的傳播、消費者個別感知差異。組織管理者對於消費者服務品質需求在認知上產生差距，提供的服務或商品是消費者不需要的，因而無法滿足消費者期待，造成這樣的狀況有幾點原因：

1. 缺乏消費者需求管理、不了解消費者的期待

　　組織內部管理者對外部消費者期待的看法，並不同於消費者的實際需求，也就是管理者不一定知道消費者對組織的需求和期待。消費者期望和管理對消費者期望的看法之間的差異服務，管理者可能因為專業、經驗、知識的不足，不了解什麼樣的服務，是消費者認為的好品質，什麼樣服務可以滿足消費者的需要，以及提供什麼樣的服務，具備了消費者所需的標準 （Parasuraman & Zeithaml，1983）。了解消費者需求和期待，才能滿足消費者，服務提供者提供的商品或服務，不是消費者想要的，或是品質不符合消費者期待，再多、再好都不是好的服務。

2. 市場定位不清、未做市場調查

　　市場定位區隔的重要，是因為要了解你想要進入的市場是提供什麼

樣的商品、服務（What），而你要如何提供這些商品、服務（How），你所要提供的商品、服務對象是誰（Whom）；消費市場需求調查未真完善，未能掌握有效資訊，找出目標消費族群，如今的消費市場變化更形劇烈，組織必須以市場導向作行銷分析，才能有效掌握市場變動的脈絡，了解消費者需求與期待。

3. 組織管理者與第一線服務人員溝通不良、缺乏與消費者直接溝通的管道

　　服務品質的管理，必須是長時間、有規律的持續進行，對消費者訊息的擷取必須主動，並深入、有系統地進行。短期目標處理消費者不滿、抱怨或建議。中、長期目標著重改善並發展出更好提高服務品質的方法及規劃（Gunter & Huber，1996）。第一線服務人員能清楚知道消費者對服務品質的預期和看法（Schneider & Bowen，1985），管理者對消費者需求和期待的了解，大多來自一線服務人員，他們提供組織對服務品質相關活動的規劃訊息。改善服務的管理者與第一線服務人員之間溝通品質，與消費者直接接觸的人，通常也是第一線服務人員，接收到消費者意見反應與抱怨，一定是最直接的第一手資訊，根據這樣的資訊作為消費者服務品質提升的規劃及設計，才能比較真實地貼近消費者需求與期待，將所有收集的訊息和集思廣益的想法，轉化為實際的行動。另外，缺乏向上溝通管道，也會影響實際訊息收集，增加向上溝通的管道，讓面對消費者的第一線服務人員，能快速將問題反應，即時解決問題，維持服務品質。與消費者關係疏離，與消費者間缺乏連繫與溝通，沒有溝通自然不會了解消費者的真正需求。

二、標準差距（Standards Gap、Gap2）不當的服務與設計標準

　　為求服務品質的一致性和穩定性，組織根據消費者需求設計服務流程或步驟，這樣的流程就是服務人員執行任務時必須遵循的標準；但，往往這樣的標準在服務傳遞的過程出現錯誤，也就是組織內部人員，在設計服

務標準流程時，不清楚消費者真正的需求，或是人員傳遞服務過程中，未依標準執行任務。所以，當消費者體驗服務後的感知和預期發生落差，就產生服務標準差距（如圖3-6），其中包含了幾種原因：

服務品質差距

| 組織感知的消費者期待 | | 以消費者為導向的服務品質設計與標準 |

Gap2-標準差距
◆缺乏對服務品質管理與執行
◆服務設計不佳、想法不可行
◆服務設計無法有效、有系統管理並執行
◆組織缺乏將消費者期待轉換為明確服務品質的能力

圖3-6　服務品質標準差距

1. 缺乏對服務品質管理與執行

服務設計規劃前，必須對服務品質管理做出完整架構，組織的所有單位、部門都必須根據計畫執行，對於服務品質的每一個環節，都要做到有效的管理與控制。

2. 服務設計不佳、想法不可行

服務的對象是人，服務相關設計就必須以人為導向，消費者在享受這項服務時，才能感受商品價值以外的溫度。設計天馬行空，並未考慮實際執行的困難，不論多好的設計都無法真正落實。

3. 服務設計無法有效、有系統管理並執行

傳遞服務過程，人員訓練的不足，流程操作穩定性不夠，服務品質無法維持標準；組織管理要強化人力資源配置及訓練，確實執行及定期追蹤、考核人員績效表現，服務品質才能被有效管理。

4. 無法將消費者期待有效轉化成對品質的規範

當消費者產生不滿或抱怨，代表消費者的期待有落差，消費者一次抱

怨就應該立即找出原因改善，同時要求組織所有成員二過不犯並有效管理，才能避免相同錯誤或疏失再次出現，影響消費者對品質持續產生負面評價。

如何改善標準差距（Standards Gap、Gap2）？

1. 服務品質的標準化

消費者服務品質標準化，強調以消費者為導向的服務標準設計規劃，並制定規範、準則，組織所有單位及成員，執行服務相關任務、活動時，都必須遵循標準，減少各自理解所產生的誤差。例如：一般傳統航空公司的行銷廣告，大多以較高艙等設施為拍攝背景（頭等艙、商務艙），環境乾淨、舒適，客艙組員都帶著親切、可人的笑容為乘客服務；所以當廣告的服務意向傳遞後，消費者對於服務的期待就會和廣告畫面連結，所以服務提供者提供的服務（組員親切、和善的態度），必須要建立一套符合期望的標準，這樣的標準應該適用於各個艙等（客艙組員的服務態度及熱誠不因艙等有別），才不至於讓消費者期待與實際產生落差。

2. 人員績效表現管理並定期提供回饋

提升組織管理的效率，透過一系列計畫階段，從建立明確的目標，到創意概念發想、服務設計、服務執行和消費者回饋，必使人員傳遞服務能根據標準執行。如此，不但能減少服務傳遞過程失誤造成的客訴，也能有效維持服務品質在一定的水準之上。

3. 根據消費者求需求設計服務流程

服務設計需要了解消費者的需求，以此制定服務流程，根據消費者實際使用的便利性考量服務動線的規劃與設計；如此，可以滿足消費者實際需求，流程規劃標準的執行過程不容易產生變化，人員在執行標準服務流程時的技巧與品質較具穩定性。

4. 有效管理消費者資訊

服務無所有權的特性，讓服務設計容易被複製、抄襲，但良好的服務設計，除了會讓消費者產生愉悅的消費體驗，也能相對提高模仿的難度，

也可以成為組織與競爭對手做出區別的關鍵。服務品質出現問題往往是設計不良造成的，透過有效消費者訊息的管理，提供最適合消費者的服務，除了能增加消費者購買意願，也能帶來消費者對服務品質的正面評價。

三、傳遞差距（Delivery Gap、Gap 3）服務流程未有效執行

　　服務品質標準規範與服務傳遞之間產生的差距，服務規格與服務人員傳遞服務過程產生的差異，即服務提供者的表現與組織管理服務設計的執行標準有落差。當服務人員不能或不願意達成預期應有的服務品質時，就會出現服務傳遞差距（Service Delivery Gap）。或是服務人員無法提供消費者所需（消費者想要的），因為在傳遞服務的過程中，傳遞商品或服務的人員，專業訓練或職能不足，引起消費者不滿產生的差距。（如圖3-7）

服務品質差距

消費者導向的服務品質設計與標準		服務傳遞過程

Gap3-服務傳遞過程未達服務標準
◆缺乏賦權、感知控制與團隊合作
◆組織內部產生問題（管理者缺乏領導能力、團隊缺乏凝聚力與願景）
◆服務人員專業職能不符（職能訓練──實際線上表現）
◆服務人員訓練不足
◆人員工作時產生角色模糊、角色衝突
◆缺乏有效人員績效表現控制系統

圖3-7　服務傳遞過程未達服務標準

　　任何一種服務的提供，都需要經過人員解釋、說明，服務人員必須接受必要的訓練，具備向消費者解說和溝通的能力。又如網路服務介面產生問題，像是線上訂位系統無法有效、即時提供定位服務，一個好產品需要

有好的服務，人手一機的網路時代，線上訂位是生活的日常。但是，當定位爲系統發生問題，卻屢不見業主處理問題，影響人們對其服務的滿意，因此可能離去尋找其他同質商品而不再回頭。

內部組織鬆散無管理（員工無強烈服務動機、不團結、無效招募、角色定位不清且衝突、管理者缺乏領導能力），許多組織人員的流動率很高，其中的原因有招募人員職能不足，或是實際工作與期待不符，人員雇用後沒有適當的培育訓練，也就無法持續維持或提升服務品質。

如果缺乏語言表達能力、人際溝通，就不可能提供消費者即時、有效的服務，許多服務產業人員流動、離職率居高不下，缺工情況得時時塡補空缺，使得管理者在選擇不多的狀況下，也必須聘用缺乏專業背景或技能者，使得落差持續擴大。造成服務傳遞差距（Delivery Gap、Gap3）的原因有許多，包括服務人員的專業職能不佳、人員訓練不足、團隊合作、感知控制、監督控制系統、角色衝突。

1. 缺乏賦權、感知控制與團隊合作

當組織成員尤其是得面對消費者的一線服務人員，當他們遇到消費者的問題，適當授權可以即時減緩消費者需求無法被滿足的壓力，被授權可利用有限資源彈性處理問題，感知控制程度就會增加，當然也會影響工作表現。感知控制是指個人面對外力或突發狀況的情緒反應處理方式，（Geer & Maisel，1972），感知控制有行爲控制、認知控制和決策控制等三種控制形式。行爲控制是指人員在碰到突發狀況時的行爲表現與反應；認知控制是指個人遇到問題時，大腦處理訊息後，找出可以解決問題的方式；決策控制是指個體在面對選擇時，了解選擇後可能面對的結果或解決問題的程度。也就是服務人員在工作中遇到狀況時，自覺可以控制的程度越高、壓力就越小，反之則否；當決策控制程度越高，就代表人員在工作中的表現會更好。任何組織或團體在執行共同任務時，要能達成組織既定目標，團隊合作絕對是最重要的關鍵，組織管理者有義務與責任，創造良好工作環境與氣氛，讓每一位成員對組織產生向心力，團隊一致完成任務。

2. 缺乏有效人員績效表現控制系統

服務人員的表現是以他們的工作績效來衡量，績效控制系統可以對人員表現進行監測和控制。組織管理為評估人員表現績效，會採用定時或不定時的監督、查核辦法，目的在維持或改善服務品質。但，這樣的控制系統如果沒有相應的獎勵制度，就無法同時有效提升組織成員的工作績效。

所以，對於人員績效表現品質的維持，除了要長時間持續規律的監督、控制；對未達績效者，可以給予再訓練及適當懲罰；同時，組織也要建立一套人員激勵制度，對於績效表現優良者，可以適時給予讚賞與實質的獎勵，能讓人員的工作績效表現維持在高工狀態。

3. 人員工作時產生角色模糊（Role Ambiguity）、角色衝突（Role Conflict）

角色模糊（Role Ambiguity）是指服務人員執行工作時，沒有充分的訊息可以提供執行任務所需，會遇到角色模糊，人員不確定管理者直屬長官對他們的期望，也不了解要如何做才能滿足這些要求與期望，增加人員與管理者之間訊息溝通的頻率，並提高溝通訊息的準確性，可以減緩服務人員產生的角色模糊機率。許多研究說明，角色衝突造成工作的緊張和焦慮高度相關，工作上的角色衝突對工作成就感也有負面的影響（Green & Organ，1973）。尤其是組織裡直接面對消費者的第一線服務人員，必須滿足消費者的需求與期待，更要面對管理者和直屬長官工作績效要求的壓力。組織裡任何一個職位，都是由擔任該職位的人負責執行（Katz & Kahn，1978），這個職位的角色是由管理者或直屬長官，向擔任該職務人員傳達要求、期望來定義。當管理者或直屬長官的期望或要求過高時，擔任該職務的組織成員無法滿足要求時，就會產生角色衝突（Churchill & Ford，1977）。組織的管理者會給予過多不必要的內部限制，無意中為服務人員製造角色衝突，而服務人員面對角色衝突，可能會對員工在組織中的滿意度和工作績效表現產生負面影響，導致這個職務出現居高不下的流動率。了解並解決組織第一線服務人員，因工作產生的角色衝突困擾，可以減少差異，並提升組人員工作績效表現。

4. 人員訓練不足

組織提供與工作內容相關的訓練，會提升員工的專業能力與自信心，對員工進行評估，並提供具體與服務有關的訓練，有助於服務人員與消費者面對面溝通，尤其是傾聽消費者抱怨時的溝通技巧訓練。訓練是為提供服務人員解釋說明或溝通的能力，消費者帶著不滿情緒抱怨時，服務人員溝通技巧好、壞，直接會影響處理結果。處理得宜消費者可能回頭再購；若處理不當，產生二度不滿，不僅留不住顧客，更有可能因為負面口耳訊息傳播，造成商譽損害的不良影響。

5. 服務人員職能不佳（職能訓練-實際線上表現）

大多指的是工作上應具備的基本能力，也就是依據不同類型的工作必須要具備一般的或基本進入門檻，例如：工作中獲得訊息、處理訊息的一般能力（Allen, Ramaekers & Van der Velden, 2005）根據職務功能需求，擔任這項職務或工作者所必須具備的專業知識、技術與專業能力。專業職能也必須依據不同的專業領域，區分該領域、職務應具備的專業職能，如：科技產業、銀行保險業、觀光飯店業、航空服務業等專業職能需求就會因其產業特性有所差別。

> ### 🔍 專業職能（Personal Competency）
>
> 「專業能力」一般被解釋為職務中所需的專業知識與技術，為了有效達成工作目標所需具備的特定職務能力。而「專業職能」指的是在專業領域中或專業工作所需的相關專業知識、態度和技能。根據職務功能需求，擔任這項職務或工作者必須具備的專業知識、技術與執行性務時具備該項工作的應有態度。具有一定專業資格或可被接受的水準技能，執行一般職業的工作或是特定專業任務的能力。綜上，特定業別的專業者具有足夠的專業能力，當給予訊息或任務時，個體能據此依照標準規範完成任務，並負責任的、有效率的達成目標。專業職能被也認為在某個專業領域中的工作、角色、組織環境與任務的狀況下，提供一般通用、綜合和內化的能力，並能長時間維持有效的表現，例如：解決問題、實現創新等（Mulder, 2014）。植基於前人對專業職能的定義，Ronald和Edward 提出專業職能就是慣常且恰如其分的溝通、知識、技術與技能，得益於每次實際面對被提供服務對象結果的驗證、情緒、價值和反應（Ronald & Edward, 2002）。

如何改善傳遞差距（Delivery Gap、Gap3）？

消除員工角色衝突，人員角色定位明確，確保服務績效符合標準，訓練服務人員對於服務事項優先順序的概念，服務過程的時間管理，所有提升服務人員傳遞服務品質的規劃與執行，都能提升服務傳遞過程的品質。以下的幾個改善方向，可以消除服務傳遞過程產生落差：

1. 管理者有卓越領導能力

要在管理的領域裡實踐專業化，好比在從事生產中去實現專業化一樣，能有效的提高管理效率。管理職能活動有計畫、組織、指揮、協調及控制，對未來工作進行一種預先的計畫（Fayol，2016）。如指揮、協調等的領導職能；控制則是保證組織各部門在各個環節都能按預定要求運作，是實現組織目標過程中的管理活動。為組織實現目標，規定每位組織成員在工作中，必須形成合理的分工協調關係。一個有領導能力的組織管理者，能有效率的行使組織所賦予的權力去指揮、影響和激勵內部成員，並實現組織目標並完成任務的過程。

2. 選擇適性、適職人員

著重以服務職能為導向進行人員招募，選擇適合該職務所需的人力。組織、企業召募服務人員時，都應該盡可能在面試時階段，利用適當的方法或工具，可以在較短時間內，能發現應徵者的人格特質和潛在能力，是符合公司文化與形象要求的人。而服務熱誠、獨立自主、團隊合作、解決問題的能力就是從事服務業工作必要的核心能力，也就是服務業對服務人員適性職能的評估。語文能力強但沒有服務熱誠，被服務的消費對象感受不到溫度，個性雖然獨立但卻孤僻，不喜歡與他人共同合作完成工作，講求Team Work的團隊任務，就無法被有效執行。

3. 強化工作動機、提供所需的支持系統

心中想望的事或念頭，能引導個體思考並驅動行為，是一個人心之所嚮及心中對事物產生慾望時，個體對所有事物起心動念的狀態；是一種特定狀態中有意義並持續的想法（如影響力、成就感、榮譽心），進而引導和決定一個人的外在行為。員工激勵制度的實施，績效表現獎勵的部分，

就是符合人類對成就感、榮譽心追求的正向動機；人員招募後，啟動內部人力資源培訓課程，提供職能所需相關技術的訓練，也就是提升人員專業、服務務品質等，相關職能訓練的人力支援系統。

4. 有效招募、留住最佳人力

　　大部分與工作所要求的個人能力，多半與該項工作或職務內容所需相關。人員招募時，都希望能夠在短時間內使用適當的方法進行測量，如審察相關職能證書、履歷或以筆試、口試等具體形式的測量方式，也可以通過培育、訓練等辦法來提高這些工作的相關能力。服務品質很抽象，招募時對於人員是否具備服務專業的特質，往往較難對其應具備的服務特質，作出準確描述和衡量。服務的感知判斷形成，發生在人員與消費者互動的過程中，要觀察這些人格特質及表現，必須在實際氛圍的影響下，才能真正了解其服務專業能力具備與否。正因為服務專業的特質不太容易具體測量，組織在招募人員時，就必須使用適合服務人員特質衡量的工具或方法，藉以提高人員招募後的人力資源使用效率；另外，每位管理者都有自己獨特的思維模式，人員招募時要避免因為個人喜好愛惡而產生限制，減少因為管理者偏誤，讓真正具有該項職務能力特質的人被忽略發生遺珠之憾。工作不僅提供報酬，也要給員工努力的目標，也將員工視為公司未來發展的一部份，願景、賦權與獎勵，都是留住優秀人才的重要方法。

四、溝通差距（Communication Gap、Gap4）宣傳承諾落差

　　組織對外向消費者傳遞服務的描述與說明，與實際提供的服務品質、內容不符，或未達到宣傳所承諾的商品、服務品質，因此產生服務溝通落差。（如圖3-8）廣告和宣傳促銷對外部傳播，是讓消費者快速獲得訊息的方式。為了吸引消費者注意產生消費動力，可以是新奇、有創意的手法；但絕不可誇大不實，實際提供的服務與對消費者傳遞的訊息產生的認知、期待有過多的差異。所以，避免產生類似狀況最好的做法，就是不要承諾無法提供的服務。

服務品質差距

| 服務傳遞實際表現 | ⟷ | 組織外部傳遞品質訊息 |

Gap4-組織對服務品質的承諾與實際表現產生落差
◆廣告宣傳誇大並超越實際可提供之服務品質
◆消費者期待管理缺乏效率
◆未提供完善訊息
◆組織內部運作與市場行銷缺乏有效通聯繫

圖3-8　組織對服務品質的承諾與實際表現產生落差

造成溝通差距（Communication Gap、Gap4）的原因

1. 宣傳、廣告、傳播與實際內容產生落差

　　廣告、宣傳誇大不實或是出現過度承諾的情形，實際服務的傳遞結果，沒有達到當初所做的服務承諾。例如：常看到電視上的食品或藥物廣告，號稱對某種疾病具有療效，或是服用後可治百病、無病吃了也能強身種種……但事實上商品、服務並沒有具備廣告所言的效果，就是宣傳誇大不實的常見問題。

2. 消費者期待與需求缺乏管理

　　將每一個來自消費者溝通的訊息，都視為單一獨立個案，組織缺乏有效管理這些來自消費者因需求與期待落差產生的問題，未能即時發現問題，覺察其中可能的相關與連結，或是訊息中早已顯示狀況的存在，但卻不能即時對問題作出回應或提出解決之道。

3. 未提供完善訊息

　　購買一項電器用品時，在開封使用前都必須詳細閱讀使用說明，若使用過程中出現問題發生糾紛，責任釐清的重點就在於，廠商未將使用應注意事項載於說明書中，或是消費者使用前並未詳讀使用說明。提供的服務

也必須事前告知消費者，服務提供過程時可能遇到的問題或限制，盡到教育消費者的義務。

4. 行銷管道缺乏整合

組織裡銷售或行銷部門與實際執行作業部門或單位，缺乏橫向有效溝通，也就是組織的內部單位，內部行銷計畫不完善，溝通計畫時缺乏互動，造成行銷部門在為商品、服務設計宣傳時，沒有清楚了解實際執行時可能會遇到的問題，或是實際狀況無法控制的因素，都有可能造成消費者產生商品、服務有誇大或廣告不實的疑慮，產生溝通差距。

如何改善溝通差異（Communication Gap、Gap4）的差距？

1. 不做無法實踐的承諾

確保所有溝通訊息的真實並且不誇大，減少真實的期待與服務溝通之間的落差，可以尋求第一線服務及實際操作、執行人員的意見，提出對廣告、宣傳有實際幫助的提案，讓廣告與宣傳效果與實際執行效果不致差異過大，造成反效果。

2. 落實組織各單位橫向溝通

組織內的缺乏橫向溝通和不實承諾會造成差異，橫向溝通強調組織內部，部門、單位間之間橫向訊息的聯絡（Daft & Steers，1985），橫向溝通旨在達成組織的總體目標，對組織內部各單位、部門人員作必要的協調。要確實了解消費者對商品、服務品質的需求和期待，各部門之間的橫向溝通是非常必要的，如此各部門之間都有相同的認知，在執行相關服務規劃和設計的活動時，才不至於產生類似的差異（Daft & Steer，1985）。橫向溝通是協調或整合組織中各部門的重要方式，各部門之間標準一致，提供服務品質所需的共同規範。例如：許多餐飲服務業，以連鎖或分店方式經營，消費者不論在哪個分店消費，對服務品質的預期都會有相同的標準。若各個單位的管理者，提供服務品質的標準，不同於組織原有規劃，在這種情況下，不論是超越原有規劃或低於標準，都會增加GAP4差距。

3. 消費者溝通管理

服務品質的目的就是為了要滿足消費者的需求，消費者體驗服務後的感知判斷好壞，就是組織改善服務品質最直接的訊息來源，建議、抱怨或是讚許，都應該謹慎處理不忽視；系統化管理這些消費者與溝通的訊息，隨時掌握消費者需求的變化即時反應並修正，才能在多變的服務消費市場中穩定發展。

4. 提供消費者正確訊息

任何管道提供商品、服務消費的相關訊息，必須和實際服務的內容相符，若有因不可避免的狀況發生，可能影響消費者抽象感知、實際權益，都要在消費者接收到商品訊息的同時一併告知，避免消費者因為不了解而產生誤解。一些服務、商品的提供本身會有一定的限制，必須在消費者選擇前，提供詳細、完整的資訊，才能讓消費者在體驗服務後的預期與感知結果不會產生較大落差。

五、感知差距（Perception Gap、Gap 5）服務期待與感知差異

消費者感知差距是消費者期待與消費者感知之間的差距，也可以說是消費者從差距1到差距4所有感知差異的總和。消費者期待是受到文化背景、信仰、個性、廣告、宣傳或過去經驗的影響；消費者的感知是一種主觀的認知，感知來自消費者對於特定商品或服務傳遞過程對品質滿意的程度。例如：會員制中對參加會員提供的服務，必定優於未參加者，以區別會員與非會員的不同。但服務人員傳遞服務過程，是否能滿足會員更高的期待，也是造成差異的重要原因。

在理想的狀況下消費者的期待與感知相似，但實際上多半是消費者的感知可能不如預期。以消費者為導向的市場，組織提供優質的商品、服務，是對目標市場訊息清楚掌握的表現，了解消費者需求和期待就是減少感知差距最好的方法。消費者判斷服務品質的好、壞，是依據服務期待與感知槓桿平衡之間的落差，來認定服務品質的優、劣。提供服務者所提供

的服務品質不佳，或傳遞服務的過程發生錯誤，沒有滿足消費者預期，就必須要找出造成預期發生落差的原因，修正服務設計或是加強人員服務專業訓練，才能針對問題改善服務品質。造成感知差距的原因：

1. 消費者期待與對組織所提供的服務感知之間存在差異

消費者期待與組織提供服務後出現感知差異，是行銷、服務人員或服務提供者無法控制的因素。由於消費者的個人感知，在這種情況下，可能是因為消費者期望受到個人需求、口耳相傳、公司信用與口碑和過去經驗的影響，所以當感知結果與期待產生落差，就會出現感知差距。

2. 缺乏對消費者相關訊息的提供，和涉及專業的知識教育

消費者多半在服務體驗的過程，並不確切了解組織為他們提供了哪些服務，是在服務傳遞過程中不易感受但卻必要存在的服務。或是在服務傳遞過程中，可能會產生一些限制，這些限制多半與商品、服務相關專業知識有關，並非所有消費者都會了解，因此在過程中期待與感知產生差距。

3. 服務傳遞者專業判斷不足

這種情況很多半出現在實際的服務流程中，消費者是經由感受得知判斷，所以，即使在服務體驗結束之後也很難對服務表現進行評估。服務傳遞過程，服務人員的專業訓練不足，不能有效判斷消費者過程中面部表情、肢體動作、口語表達可能代表的情緒，可能已經造成成消費者的不愉快而不自知。

如何改善感知差距（Perception Gap、Gap 5）？

提供消費者商品、服務詳細的相關資訊。

試著讓消費者了解實際的服務品質如何被傳遞（消費者教育），讓消費者都能被清楚告知，商品於傳遞過程及完成實際的狀況。最初的網路購物，雙方多半依據幾張圖片或一段影像決定購買與否，但買家收到實物時，往往與認知產生差距而要求退貨，或是收到的商品有毀損、瑕疵，尤其因收到商品有毀損的狀況最易產生糾紛。提供的訊息不僅是消費者必須要了解的，對於過程中可能發生的所有問題，也都能在消費者未提出疑問

時就能了解，也就是在消費之前，盡可能為消費者解決可能碰到的問題，提升服務品質。（如圖3-9）

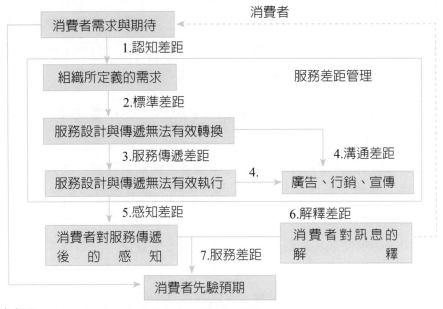

料來來源：Christopher Lovelock & Jochen Wirtz，2007
圖3-9

在這之後相關研究學者，根據現在服務消費市場轉變，在服務差距模型基礎下，增加解釋差距（Interpretation Gap）、服務差距（Service Gap）

六、解釋差距（Interpretation Gap、Gap 6）消費者理解差異

這個差距是發生在服務提供者解釋提供服務的訊息，與消費者獲得訊息後的認知有所不同的狀況下出現。原因可能出於對文字、圖像的理解不同；文字上語意解讀不同，可能受文化背景、語言習慣、流行語的影響，圖像或過於抽象也無法有效傳遞正確訊息。因此，組織再提供消費者服務相關訊息，就必須將可能造成訊息解釋落差的因素一併考量，把訊息解釋差異的機會減至最低。

好的廣告宣傳通常是吸引消費者上門消費的最佳工具，但當廣告圖片意象或文字語意表達不夠精準，往往會造成服務提供者和消費者之間，因為溝通解釋發生歧異而出現問題。消費者優遊在各購物網站間，常會被全館今日買一送一的斗大標題吸引而瞳孔放大，迅速點入才發現並非如消費者所想像的，買任一件商品送相同商品，而是可能買一打衛生紙送一包面紙，或是買一瓶100ml香水送一管5ml試香香水。

七、服務差距（Service Gap、Gap 7）消費者經驗與期待差異

要維持服務品質的一致性，避免消費者之前的經驗與再次消費的感知產生差異，若是因為特殊狀況發生期待差異，也必須要在事前告知消費者，才能減少期待發生差異後的抱怨或不滿。例如：搭乘飛A航空公司經濟艙，中午起飛從臺北到曼谷，飛行過程一定會提供一段熱餐；下一次搭乘同一家航空公司、同一艙等、同一地點，但起飛時間是晚上9點，如果不了解航空公司的餐點型態供應，會因為起飛時間不同而有所調整的話，這位搭機乘客一定會帶著上次搭乘的經驗，預期將後就會有相同的餐點，若未經解釋或說明，就可能會讓消費者的期待發生落差產生抱怨。

有人批評SERVQUSL並不具備普遍性，並且該模型未能利用既有的經濟、統計和心理學加以驗證說明，且SERVQUAL著重於服務傳遞的過程，而不是服務遭遇後的結果。不論服務品質差距模型是否如批評者所言，但它仍然是將服務理論、概念化，和衡量服務品質最完整的嘗試（Nyeck; et al，2002）。

採用服務品需差距模型，可以提供組織能更一步了解消費者的期待與組織表現後的實際差異，能讓組織清楚知道如何改善品質，並集中資源在需要改善或修正的地方，能經服務品質做到最大限度的改善。雖然有學者認為SERVQUAL的普遍性不足，但目前卻被廣泛地運用在許多產業，其中包含了會計事務、建築業、飯店業、旅行業、餐飲業、交通業（航空、鐵路、郵輪）等，顯示這個模式對於服務品質的提升，之於與服務相關的產業確實有一定幫助。

第四章
品質管理

第一節　品質管理的定義

　　管理（Management）就是管理者負責執行的任務；更進一步的解釋，管理就是將事情有效、確實處理到好的過程（Stephen P. David A. Mary Coulter，2013）。而管理並不是專指硬生生的商業、工業的活動，管理其實存在生活的每一處，大至政府機構，小到百姓日常，幾乎都脫離不了管理。

　　約在16世紀中管理（Management）詞就已出現，而許多針對提升服務品質管理的學術文章、管理模式，都在這個時期因應需求，各家理論、模型如雨後春筍般出現，提出的理論或是方法，對於服務品質管理與改善的確很有幫助；但這些管理模式都絕對不會是完美無缺的，也不會因為採用了新的管理模式，組織因此就立刻脫胎換骨，所有以往可能會發生的問題從此不復存在。

　　當外部環境變化的速度超越內部調整的腳步時，就要結束現有模式並且尋找改變的方法，而所謂的管理，並不僅僅將組織做有系統的安排規劃，最重要的是要將對的人放在對的位置上，將功能、效率極大化（Jack Welch通用奇異CEO）。

　　傳統與現代對品質管理的要求有所差異，以往製造業生產成品品質的要求，多半著重在生產過程中的標準化、規格化，也就是在生產過程中對所有的流程控制並監督，找出不符合品質標準的瑕疵品；製造過程的控制和監督，是為了發現生產過程出現的瑕疵品，但並不會對如何預防瑕疵產品有更多的關注。現代的品質管理研究，大多認為品質是來自消費者的需求與期待，商品、服務的特徵、功能，都是根據消費者需求設計，在有限

的成本控制下，將商品、服務的品質做到最好且符合消費者需求；也就是在提供商品、服務的過程，能滿足消費者的期待和需求，當過程發生抱怨、不滿，會找出問題發生的原因並加以改善，從錯誤中不斷學習，爲的是預防下一次的錯誤再度發生。

　　透過管理可以影響行爲，工業革命後，各國隨工業化腳步，服務業的就業人口就一直佔有較大比例，歐、美、日本在二十一世紀的此時，都有百分八十的就業人口從事服務業或與服務相關的工作（Sakao & Shimonur，2004）（Brown & West，2006）。

　　服務業的抽象、感知特性不同於製造業，要提升服務與品質並標準化，就必須針對服務的特性，在既有組織管理的架構下，根據需要作出調整，以消費者爲導向，更適合服務業發展，讓服務產業的品質能被有效管理。服務需要被設計，設計後也需要有人員被訓練且有效的操作這些服務，最具意義的表現就是服務管理的執行。

一、管理概念的影響

　　管理的概念並並不是一個突然出現的想法，是一個隨著時代更迭而複雜的演進過程，遠從古羅馬時期就已經實行多年，而根據管理概念的發展，影響所及不僅僅只限於組織、企業或所有商業活動相關的公司行號。管理概念的影響有三種主要力量：

1. 政治力量（Political Forces）

　　管理表現在政府組織、政治機構、國家政策各方面，經濟分析、環境保護、組織設計所有重大議題領域中，都會因爲政治力量產生影響。政治壓力對組織的管理會有很大的影響，政府組織各部部門、單位的權利，會隨著一個國家政治環境的變化而有所改變。例如國家因爲政黨輪替，而各政黨不同的政策目標，就會改變施政方向，政府組織也會依據需要做調整；美國因爲總統要求興建美、墨圍牆經費與眾議院僵持的結果，導致聯邦政府機關關門長達35日，種種現象都是因爲政治力量影響所造成。

2. 社會力量（Social Forces）

　　管理產生的社會力量，多半出現在社會規範、約束中，類似的規範、約束力量，會直接影響這組織社會中的所有成員；像是對品格、道德的要求的約束力量，例如一般了解的社會道德、價值觀與各種不同的宗教信仰。所有的社會組織、機構、企業、團體，都被這種維持社會秩序、規範的力量影響著，這樣的力量會形成一種社會契約，所有的人在這些基礎各安其位、相互交流並彼此影響。

3. 經濟力量（Economic Forces）

　　在經濟自由市場活絡的社會，經濟力量負責市場經濟和其他相關經濟概念的形成，這些力量影響了社會中的財產分配。金融海嘯前，房市、股票、期貨、基金、各種金融衍生商品吸引無數人的投資，掌握金融工具就能控制更多財富；隨著這波工業4.0革命的浪潮，未來掌握AI相關技術或相關經濟的發展，就可能創造另一波的財富重分配，也就是這種經濟力量帶來的影響。

二、管理的特性

　　有效的管理是組織或企業經營成功的主要原因，這樣的說法是無庸置疑的，管理者對於組織的運作能充分掌握並有效規劃，是透過良好管理執行的結果，管理者必須要充分了解管理具備的各種的特性，才能實際應用在組織運作的過程中。管理具有以下幾種特性：

1. 管理是普遍性的

　　管理雖然是一個聽起來很專業的名詞，但管理並不專指企業、組織所言之管理，管理在你的生活中到處可見，大至企業、機關，小到餐廳、路邊攤，都與管理息息相關、密不可分；也就是說不論規模大小，所有類型的組織都需要管理，有可能是社團或商業組織，也可能是社會或政治組織，所以，管理是一種普遍存在的現象。

2. 管理是無形的

　　管理和服務的都是一種無形、抽象的概念，也許可以從描述或解釋輔

助說明管理所代表的意義,管理執行的過程無法具體觀察,卻在過程結束後能看見管理行爲發揮後改變的力量。軍隊如果沒有管理,一定缺乏紀律、士氣渙散;餐廳沒有管理,服務人員可能效率不佳、廚房清潔衛生堪慮,若善用規劃、控制、領導就能將管理的無形存在,轉化成可見的改善或進步。

3. 管理是目標導向的

　　每個組織都是爲了達成所設定的目標而建立,像是對於以營利爲導向的商業而言,某些企業的目標可能是獲得最大利潤,任務的執行過程就會設定以創造最大利潤爲目標,並且根據目標而行(提高售價、降低成本等)。也有一些企業除了希望經營能獲得利潤外,最大的目標就是要提供優質的產品和服務,創造品牌價值,其執行過程就會朝著維持品質、創造企業形象的方向邁進(加強品質控制、增加廣告費用、參與公益事務等)。組織管理是否成功,取決組織是否從始至終,都依循著事前規劃徹底執行,根據變化時時控制、修正,最後達成預期目標。

4. 管理是一個持續的動態

　　企業或公司除了停止營運外,只要組織運作就要有管理,管理工作是一個持續不間斷的過程,管理是組織必須不可缺的;所以,只要這些業務繼續進行,管理也必須繼續運作,因爲組織存在,管理就會持續進行,也繼續管理著組織相關活動的運作,執行生產、銷售、倉儲,運營等所有的活動。

5. 管理是整合的行爲

　　管理者的任務就是將組織所有的部門相互結合,將所有功能組合並協調,整合各單位功能,從計畫、控制、監督、執行最後有效達成目標。組織運作會因爲需要具備許多不同功能,管理者必須將其資源充分整合,才能發揮最大效能;就像是機器和零件的組合,若各單位、部門缺乏整合或過程困難,就很難成爲一個有效團隊。

6. 管理是多學科的

　　你可以發現管理的原則和技術,幾乎包含所有研究領域,數學、經濟

學、統計學、會計學、社會學，心理學等⋯⋯。組織的管理需要廣泛了解各種學科的知識，因為管理包含了機器、設備、材料的處理和生產，還有商品行銷、設計、包裝，成本、費用、營收等相關問題，當然還有組織管理者應具備相關職能的研究。

7. 管理是一個社會現象

管理者主動關注組織中成員之間的關係，也被視為一種社會交際行為。組織中的人員管理，比其他的問題更為複雜也更重要，因為人的問題向來複雜，而人的管理不僅只有命令與服從，還包含了組織發展和人員激勵等；工作中有監督、責任，但前提是要滿足他們成為組織一份子必須獲得的成就與鼓勵。

8. 管理是個別化的

管理並非一成不變，有效的管理在於能適應各種不同狀況，也就是Cases by Cases的，根據不同的狀況需求，做出適當且有效的解決方法；在不同情況環境下會做出最適當的處理，沒有最好的管理方法，只有最適當的管理，才能創造最好的結果。

三、管理是過程

管理是指一系列相關功能的結合，George R. Terry認為，管理是管理者透過組織系統，有目的的規劃與組織所有人共同努力及執行的動態過程。管理是一個包括規劃、組織、驅動和控制的過程，過程必須與他人合作及利用資源實現既定目標，而管理的執行過程包括以下幾個不同執行面向：

1. 管理是一個社會互動的過程

由於人的因素是最重要的，因此管理關係到人與人之間關係的發展，管理者在社會運作中，要避免製造社會之間的對立，必須加強人與人與人之間的良性互動，便能一起共同努力完成實現目標的理想。

2. 管理是一個整合的過程

管理的任務就是要集合組織內所有成員的力量，和運用可利用的資源

分配，來實現組織目標；為避免組織各部門、單位或人與人之間，因本位主義造成的對立，在執行過程中，對各個資源、人員的整合、協調及和諧是非常必要的。

3. 管理是一個持續的過程

　　管理也是一個持續不斷的過程，管理在運作的過程中，除了發現問題、解決問題外，管理行為並不會因為問題解決後而結束，因為所有類型組織的運作，都是一個持續不斷的過程，為了讓運作的過程不斷改善，管理就必須持續進行。

四、管理的重要性

　　一個成功企業或組織，能在競爭激烈的市場生存且不斷成長，通常都是管理的功能在組織中發揮了效用。現在的組織經營模式，已經不同於以往傳統的方式，全球化的時代，為因應更新的產業變動，消費者意識抬頭、環保議題帶出的商業責任、科技改變速度飛快，更顯組織管理的重要。管理之所以重要，是因為管理能讓組織完成以下任務：

1. 實現目標

　　管理就是領導組織所有人，共同實現設定的目標，事前明確規劃組織方向，減少時間、資源的浪費，生產過程有效的人員協調、整合資源實現目標。企業經營，不論短、中、長的規劃，都一定會設定一個明確的目標，這個目標設定後，管理者依據管理的各項功能，將一個整體目標劃分責任區域，讓組織中各個單位的每個人各司其職，在自己的位置上依據規劃、分配實現其設定的個人目標。事前確實規劃、執行計畫的過程中不斷的協調、控制，確定每個單位或成員都能有效完成設定績效，共同實現目標。

2. 有效利用資源維持成長

　　組織管理可藉著有資源效利用、分配、控制，並結合各單位相關活動的整合，透過員工激勵方案，讓任務有效執行，達成既定目標、甚至超越，企業必能在這種良性循環穩定發展、創造成長。管理可以有效地利用

所有的物質和人力資源，好的管理，不但能有效的利用資源、減少浪費，也能在缺乏資源或有限資源的狀況，找出並選擇最佳的替代資源。臺灣地狹人稠，在天然資源本就不豐富的條件下，善用管理專業人員的知識和技術，才能規劃對臺灣最有利的資源計畫，臺灣才會有持續成長的動能。

3. 適應改變與發展

管理者必須有掌握市場變化的能力，隨時警覺環境可能的改變，並能在瞬息萬變的市場，對預期發展做出正確的判斷，組織能夠在不斷變化的環境中生存；管理者有感於外部環境轉變之際，就必須在組織內部，做出因應改變的調整，依據判斷對未來的變化，發展新技術、職能再教育，不斷接受挑戰、放眼未來。

4. 提高組織效率

組織適當的規劃、人員配置，組織，協調，指導和控制等活動，有助於提高組織成員工作的效能和執行率。建立健全的組織結構是符合組織管理的目標之一，增加組織效能，減少組織功能重複，一來可以減少資源成本的浪費，二來可以讓組織部門間的溝通、協調更有效率。

五、泰勒四大科學管理原則

工業革命帶動科學管理運動，產生科學管理理論，科學管理法是由美國工程師弗雷德里克·溫斯洛·泰勒（Frederick Winslow Taylor）所提出，將科學管理的方法應用在實際管理，他強調以科學方法替代經驗法則、以科學方法選拔工人、重視獎懲制度以及利用科學方法創造工作效率，其影響可分為以下幾類：

1. 時間動作研究（Time and motion study）

這個研究是為提高員工生產績效而開發的一種科學管理技術，將複雜的生產作業程序，劃分為一連串簡單的步驟，再觀察這些步驟的操作方式，找出多餘、不必要的步驟，減少製作過程時間的浪費。時間管理非常適合應用在製作過程重複性高，類似的工作性質；例如製造生產業生產流程的研究，去除生產過程不必要的步驟或流程，減少生產時間成本的浪

費。

2. 差異計件費率計畫（Differential piece rate plan）

　　差異計件費率計畫的執行，多用於製造業的半成品加工，半成品加工需要人工操作，以成品完成件數作爲薪酬計算的方式，每一個人員依據工作績效的不同，可以獲得與工作績效相應的報酬。根據時間動作研究，得到完成工作的標準時間，再根據標準時間，設計了兩種不同的薪資率；超過標準時間的工作人員完成的件數，按較高工資率計算，低於標準時間的工作人員所完成的件數，則以較低工資率計算，也就是鼓勵多做，做得多、領得多。

3. 監督功能（Supervision）

　　泰勒認爲一個組織所有單位、部門的工作任務，必須由各個單位、部門的主管或監督者負責監督執行；例如生產製造部門，由廠長依據需要規劃，監督者根據工作人員工作能力分配工作，並隨時監督工作完成績效。

4. 科學招募與培訓（Scientific Recruitment and Training）

　　招募與訓練是人力資源管理的重要一，招募適才、適任者，減少重新招募時間成本與費用，工作人員專業能的訓練、在職訓練，可以多方提升工作人員的知識和技能，培養、訓練成員從事多項工作的能力。

5. 管理者與成員的合作（Friendly cooperation between management and workers）

　　泰勒認爲，所有的組織管理，管理者與被管理者階級雖有不同，但是要一起努力達成組織設定的目標，或是超越這個目標，應該是彼此之間的共識；故此，組織管理者必須要創造友善、和諧環境，讓管理者與組織成員和工人互助合作，實現共同目標。

六、亨利法約爾管理14點原則（14Principles of management）

　　亨利‧法約爾是一個法國工程師，和Frederick Winslow Taylor弗雷德里克‧溫斯洛‧泰勒，被認爲是現代管理方法的創始人。亨利法約爾提出

了管理14點原則：

1. 分工原則（Division of work）

分工也就是是專業化的原則，亨利・法約爾認為這是提高工作效率的重要因素。組織各單位、部門成員，具備不同領域的專業，他們有不同的技能及擅長的領域，工作應根據個人和群體的技能和知識進行分配，且每一成員的專業都能對組織有所貢獻。他認為，組織各個部門、單位的分工，可以增加任務執行的準確性和速度，專業分工也能提高工作效率及生產力。

2. 權力與責任（Authority）

亨利・法約爾認為管理者的權力，是來自於最高階層所賦予的權力，階級賦予權力，使管理者能對下級單位傳達命令，並要求組織成員達成目標；管理者必須具備一定水準的專業知識、經驗，及具有高尚的道德價標準。權力代表可以下達命令和指示，來自於管理者的職位；責任則是當管理者作出決策，必須對執行決策後的結果負責。

3. 紀律原則（Discipline）

紀律是組織管理者為實現目標，使組織成員能服從命令完成任務共的行為表現，也是對使命、願景、價值觀展現尊重的一種概念；法約爾認為紀律的執行，必需要好的管理者，和明確的賞罰制度。紀律的維繫，必須有賞罰一致的標準、規範做為基礎；如何適當執行與判斷，就須仰賴一個優秀的管理者。組織成員也必須遵守和尊重組織的管理政策與規範，維持組織良好的紀律，就能有效達成組織設定的目標。

4. 統一指揮原則（Unity of Command）

每個組織成員根據管理員則必須服從命令，也就是服從上級主管或管理者，因為要達成組織所下達的工作任務或命令。根據組織管理分工，組織的每一個部門或單位，都有個部門、單位的主管，每一個組織成員唯一接受的命令，是來自直屬主管，主管命令接受也來上一階層的主管；就如金字塔般，命令從最高層級下達後，由中階、低階主管到組織成員層層傳遞，避免組織成員角色紊亂。

5. 目標一致原則（Unity of direction）

　　組織為完成任務所設定的目標，這個目標是每一個單位或部門執行任務時，共同努力的方向，如果組成員被導引到不同的方向，就可能無法實現目標，也就是法約爾所說的目標一致原則。不同於指揮統一原則，目標一致原則，是組織設定的共同目標後，組織下的各個部門、單位，在進行所有任務規劃時，必須以組織設定的目標為方向，所有相關活動都依著這個方向設計，每一個單位、部門最後都照著這個方向前進，共同完成組織目標。

6. 組織利益大於個人利益（Subordination of Individual Interest）

　　法約爾強調個人目標必須與組織目標一致，但個人利益應服從於共同利益之下。一個組織是由許多不同單位或部門組成，每一個單位、部門轄下是由一個以上不等的個人組成；從這種金字塔狀的分布可以清楚了解，每一個成員是組織的一部份，組織與成員間的從屬地位非常清楚，一旦個人利益與發生衝突時，任何一個成員、單位、部門的利益，都不能高過整個組織的利益。例如：勞、資關係的協調，絕非以任何其中一方為重，雙方所堅持的利益，絕對不能超越組織的最大福祉，依據組織管理原則，就要對可能發生利益衝突的人、事、物鼎鼐調和，組織經營彼此才能共榮、共存。

7. 薪資報酬原則（Remuneration of Personnel）

　　在計算報酬時，應考慮到商業環境或組織所能承擔的支付成本，該地區生活指數的高、低，和人員生產績效訂定。勞、資關係緊張狀況不同也很複雜，有時因為資方在盈利分配後仍有剩餘卻不願與員工分享；或是員工若在營運狀況不佳時，一味要求加薪、分紅，但沒有為薪資所得付出相對的義務。薪酬原則強調的是僱主與員工權利義務的關係，這樣的權利義務必須符合公平原則，公平與否，必須兼顧員工、僱主雙方利益，達到彼此都能滿意並且接受的程度。

8. 集權及分權（Centralisation and Decentralisation）

　　權力的集中一詞看似要將組織所有的權力集中一人或少數人，但實際

上是指組織管理者的決策過程，和組織成員參與決策的程度；也就是說，組織權力的集中與否要以創造組織最大利益為前提，根據不同的狀況，給予組織成員適當參與決策的權力。法約爾認為組織權力的集中及分散，必須依狀況做適當的管理，才能將組織利益極大化。

9. 階層鍊（Scalar chain）

組織權力像金字塔狀，層層向下延伸、開展，從金字塔頂端的最高管理階層，到金字塔底部最基層的權力排列方向，組織間由上到下或由下到的溝通，都必須遵循這個階級排列方式進行。法約爾認為階層鍊（Scalar chain）是條按照階層排列的權力鍊，所有階層都不應逾越權力排列的方式，我們認知的越級報告，就是逾越了階層鍊（Scalar chain）的管理原則。根據階層排列的原理，所有的溝通都應該透過適當的階層管道，若由於階層因素造成的溝通延誤，就必須提供組織各部門間橫向的溝通功能。

10. 秩序原則（Order）

秩序原則時時應用在我們的生活當中，法律是用來維護社會秩序，一旦所有人都視法律為無物，那社會一定發生不可預知的動亂，所以法約爾說：「管理的秩序原則簡單卻必要的元素」。在組織管理中，秩序是一個簡單卻必要的元素，也就是組織中的每一個人員配置、事務分配、設施安排，都必須依其具有的功能，做相應、適切的安排；這原則看似簡單，但時有能力不佳的管理者，可能徇私、可能識人不明，常常將不對的人、事、物，配置、分配、安排在不適當的位置，可能造成組織損害發生。

11. 公平原則（Equity）

組織管理的公平原則，是指組織的管理者對待組織內所有成員，必須公平且善良的對待，減少個人主觀偏誤所產生的效應；雖然，管理者與組織成員有上、下的從屬關係，但並不代表管理者，可以使用任何不尊重的態度對待組織成員。我們都了解人必先自重而後人重之的道理，要別人如何對待你，就用那樣的方式對待他人；管理者對組織所有成員以公正、善良待之，組織成員也會以相同的態度對待管理者。

12. 人員任用的穩定性原則（Stability of Tenure of Personnel）

人員任用穩定原則，說的就是組織人力資源中，人員離職率或變動率的高、低。組織管理者對於人員的招募、任用，應該要有一個穩定的人事規劃，現在職缺的補充，和對於未來可能發生的預期人力短缺預防等。例如人員招募時要選擇適性、適任者，避免任用後，因為新進人員對工作性質的不了解，或是不符合專業所需職能，必須一再的招募新進人員，增加許多不必要的人事成本。若人員任用始終無法滿足實際需要，就是組織管理中人員任用穩定原則沒有充分掌握，管理者要為人員提供工作保障，同時也必須時時維持員工士氣，降低人員流動率。

13. 主動原則（Initiative）

管理者必須鼓勵雇員在各自領域採取主動行動，更能有效達成既定目標。管理者與組織成員的從屬關係，所有的任務執行命令皆由上至下的形式傳達，容易造成組織成員被動、不積極參與，對於工作任務的執行完成後，並不會有太多其他積極為組織創造更大利益的想法；管理者在做出決策對組織成員下達命令的管理過程，應鼓勵所有成員主動發想、積極參與計畫和執行，甚至參與決策過程的討論，組織會有更多的創新。

14. 團隊精神（Esprit de corps）

團隊精神強調的是建立組織的和諧與團結，藉此強化組織力量，也是統一指揮原則精神的延伸；組織內各部門、單位及所有組織成員，彼此間的溝通必須暢通良好，沒有好的溝通，不會有信任與合作，無法合作何來團結？團隊精神原則，也是組織管理者展現領導力的最佳應用。

第二節　全面品質管理（Total Quality Management TQM）

全面品質管理由威廉‧愛德華‧德明William Edwards Deming在1940年代早期提出，強調對品質價值的追求，這位具多重身分的統計學家、工程師和管理顧問，在製造業生產和管理中利用統計數據奠定了許多基礎；

第二次世界大戰期間，他就利用統計方法向美國企業和政府提供建議，制定戰時生產製造計畫；戰爭結束後更協助日本人口普查評估，規劃戰爭破壞後的重建。

William Edwards Deming曾說：「如果生產力獲得提升，不是因為員工更努力的工作，那是因為他們讓工作變得更聰明，所以能讓利潤以數倍成長。」他曾告訴福特的高級主管，85%的品質問題是由於管理決策不當所造成的。所以全面品質也是一種促進組織發展的過程，經由管理商品、服務、組織人員、環境等流程，將組織競爭力極大化的品質管理方法；同時也是組織為了滿足消費者需求與期待，持續對商品、服務品質提升所做的努力。

全面品質管理（TQM）是組織為提高商品品質與績效所做的一切努力，也就是管理者對組織所有成員，為提升商品、服務品質所作的要求；TQM就是一個改善品質且持續不間斷的過程，有效的利用組織的人力、物力資源，實踐商品、服務品質的目標。TQM也是一種鼓勵所有組織成員參與、滿足消費者需求與期待、達成組織目標實現的綜合管理方法。

1961年美國Armand Vallin Fiegenbaum提出全面品質管理是一種全方位品質管理的概念，組織所有商品、服務產出的整個過程與品質的管理與控制；透過和組織所有成員的努力，監控商品、服務生產過程的所有程序，最後的產出（商品、服務）投置在市場上，就能滿足消費者的需求與期待。

TQM是長期管理理論與實際應用的自然演變，從十八世紀開始的第一次工業革命後關注的品質管理，到如今的工業4.0概念的勃發，與以往幾次的工業革命不太相同。工業4.0並不只是為了創造更新的工業技術或產品，而是將現有的工業相關技術和與產品體驗結合，對人的消費行為、心理，透過人因工程的研究，能精準掌握解消費者需求，建構出一個有感知型智慧型工業新世紀；透過大數據分析，即時找出滿足消費者的商品或服務，利用資源有效生產、減少成本支出與浪費，最後在服務流程中找到最符合消費者需求的品質。

全面品質管理要提升的不僅僅是生產效率，也要追求品質的改善，兩者間並不會互相衝突；在生產過程中因為錯誤導致的缺陷，如職能不足造成人力成本的浪費、缺陷產品重製增加材料、時間的耗損，就是因為諸多因素管理的不當導致。所以，造成生產效率降低，生產效率代表的就是品質，要在現在競爭激烈的消費市場站穩腳步並穩定成長，組織必須落實對於商品、服務全面品質的管理，但是藉著TQM的管理，並不能在短時間就能獲得立竿見影的效果，必須持續、穩定的進行。

品質之於消費者好壞並非絕對，而是一個相對知覺的狀態，1年前消費者對一樣產品品質的認定是優良，但相同的產品在1年後，消費者對其品質的認定確是普通、還可以再進步，是因為類似商品、服務在市場上陸續出現，品質優於原產品，消費者有了選擇，就會對產品有更高的期待；此時，組織必須藉TQM管理，隨著市場環境的改變，依據消費者意見，持續對產品、服務的品質改進，才能在變化且競爭激烈的市場繼續生存。因此，要清楚知道消費者是誰？消費者需求、消費者期待，將消費者需求轉化成實際的服務設計流程，規劃如何能滿足消費者需求和期待，以及服務品質如何衡量（要做什麼？）、能否改變組織文化。服務品質評估以既定的績效評量標準為依據，判斷需要改變或繼續維持的流程或方法；檢視流程是否需要精簡，因為冗長、繁複的的過程無法達成效率、提升品質。

TQM管理想要達成的目標，就是要在對的時間做對的事，外部以消費者滿意為導向，內部以提供所有組織成員效率為依歸，TQM也是符合人性化的一種管理方式。多數人都希望在工作中能不斷自我發展，TQM管理模式認為組織成員從工作中找到成就感是非常重要的，若成員對於工作滿意度低、缺乏成就感就可能造成缺勤頻繁或低效率。工作團體氣氛要讓所有成員有認同感、歸屬感，團體中成員樂於工作經驗分享，在良好的經驗分享氣氛中，會有更好的學習效果，對團體認同、有歸屬感，才能培養組織成員的責任感、忠誠度，創造團體榮譽和效能的組織文化。

一、TQM管理的原則

TQM的管理必須建立在有效指標的基礎上，對於品質提升的要求不是來自個人意見，而是根據實際的調查數據分析的結果，依據指標改善品質。品質是可變的（持續目標改善），品質的目標也必須跟著需求而改變，最終決定品質的是消費者。管理者必須對所有提高品質的相關活動給與支持，避免所有可能影響品質的因素發生。

組織成員共同參與團隊工作，了解影響服務品質的所有環節，當處理消費者問題時，才能根據個別需求涉及的環節或單位，找出最適當的解決方法，實踐滿足消費者需求的目標。人都希望被重視，組織中任何一個成員，不論擔任什麼樣的工作，都不會希望因為職務較低而被忽略，都應被視為組織中重要且不可或缺的一份子；組職工作中，管理階層對於組成員適時的賦權，則是加強成員工作責任感與獲得成就感的方法。

就人力資源的改善而言，TQM所強調的是以人為本的管理方法，人力資源管理的核心就是人，組織成員對組織的承諾表現在忠誠度、責任感、成就感、歸屬感及榮譽心（Cotiis & Summers，1987）。影響承諾的因素包含了組織管理者賦權、工作中的任務挑戰、實際任務的參與，激勵方式能鼓勵所有組織成員思考並實際解決問題。此外，TQM是一種變動性、持續性的管理，也就是根據市場需求變化，持續提升品質的管理。TQM管理具有以下幾個原則：

1. 滿足消費者（Customer Satisfaction）

企業、組織的價值來自於消費者的認同，不斷運作、改善要達成的目標，就是滿足消費者需求和期待。商品、服務品質的好壞由消費者決定，提升品質對服務操作流程設計、人員職能訓練所做的相關努力，最後也必須經過消費者感知體驗判斷，或透過評估或滿意度衡量，才能確定組織所做的努力是否有助於商品、服務品質的持續進步與改進。

2. 領導能力（Leadership）

組織管理的領導能力，就是要建立組織的共同目標，管理者確立了組

織的目標和方向，就必須創造一個能讓組織成員，能充分參與並實現組織目標的友善環境；讓組織所有成員都能朝著一致的方向努力，並於過程中有效激勵組成員並提高工作績效表現，完成組織所賦予的任務最後達成目標，就是組織管理者應具備的領導能力。

3. 人員參與（Employee Involvement）

組織所有成員參與視為實現共同目標而努力，管理者必須提供免於恐懼的工作環境、增加員工賦權，在提供了適當的環境之後，才能在對等的狀況下獲得組織成員的承諾。組織成員參與組織商品或服務的設計與發想，直接、間接影響了這些商品或服務的品質，這樣的方式可以建立品質為導的組織文化。

4. 思維處理（Process-Thinking）

思維處理過程是全面品質管理的基礎，根據組織的使命、願景和戰略等相關目標，將所有過程相關活動重新解構、定義，為商品、服務品質找出最佳的運作方式，思維處理過程也是以提升全面品質導向為原則。

5. 策略與系統化方法（Strategic and Systematic Approach）

品質不是一個形容詞，代表的是一個持續不斷進步的動詞，所以品質管理對組織而言，便是一個要有長期規劃的戰略，才能在競爭激烈、變化快速的市場，有一個持續穩定前進的方向。戰略計畫必須針對組織整體的服務發展和品質的改善設計，採取戰略思考，將計畫、方法和所有組織成員執行的工作與品質聯結，對品質做出長期系統性的規劃，策略沒有標準與絕對的好壞，最重要的是能在第一時間作出對的決定且持續不斷。組織內部系統整合是很重要的，根據過去處理原則為主，參考類似 ISO 9000 品質管理標準和建議，改善組織的商品或服務的品質讓組織所有成員因為有一個共同的願景與目標連繫在一起，包括對品質原則的了解和承諾，即使是產製原料的供應商，也是該品質管理系統的重要組成。

6. 持續改善（Continuous Improvement）

消費市場的不斷變化，消費者需求也在改變，現有品質管理模式也要隨的調整，持續改善品質的最大動力就是品質維持、消費者滿意，而持續

改善也是維持品質的重要因素；組織每一個成員，必須要隨時思考，如何持續維持最佳工作績效表現。組織內也要有良好的溝通，如此所有成員不論上對下、下對上雙向溝通對話必須暢通，有助於組織發展的建議提出；溝通策略的設計必須符合組織的使命、願景和目標，包括組織對內或對外的溝通管道、溝通的有效性、溝通的即時性的等。透過有效的的評估方法和創新和創造性思維，持續建議改善，維護組織提供的商品、服務的品質；建立持續改善品質的組織文化，減少缺陷、失誤、意外的發生，將好的服務品質轉換爲組織的無形資產，穩定持續成爲品質改善的動能。

7. 決策根據事實（Fact-Based Decision Making）

確認組織統計分析結果來自於眞實、有效的數據，避免決策執行與事實有落差；組織管理者個人利益和情感，不能影響最後的判斷與決定，必須根據事實狀況作出決策，而所有實際狀況的分析來自於消費者市場資料、訊息的收集與分析。

8. 互惠的夥伴關係建立（Mutually Beneficial Supplier Relationships）

成功的TQM管理需要對組織行爲和文化進行變革，以實現消費者滿意度的承諾，組織可以有效控制內部品質的監督，對於合作的協力或供應商，建立互惠夥伴關係會是控制外部品質的一個有效方式。組織與提供原料的供應商雖然各自獨立，其關係建立在供需交易契約行爲，契約時間不論長短與否，若能建立互利互惠的夥伴關係，不但能保持供應物品的品質穩定，更能增加商品、服務創造價值的能力。

二、TQM全面品質管理與與傳統品質管理概念的差異

因應消費者需求的改變，服務、商品製造的管理者就必須根據消費需求，依照傳統品質管理方法，已不足以應付現在消費市場所需，採用全面品質管理會比以往更能有效改善服務品質。全面品質管理TQM與傳統管理有以下幾點區別：（如表1）

1. 昔：維持產品品質過程，測量有缺陷的產品在百分之一的標準下是可以被接受的。

表1

TQM管理	傳統管理
消費者導向	市場佔有率
長時間觀察（趨勢）	短時間觀察（現狀）
關注生產所有過程	關注結果
持續改善	創新
預防問題發生	解決問題
建立跨部門管理功能	單位權責管理
做什麼？如何做？	為什麼要做？誰要做？

今：Six Sigma也被作為衡量操作流程或服務績效的指標，所謂的Six Sigma就是10的6次方1000000，也就是將品質中不良或有缺陷的機率，每一百萬個產品中不會超過3.4個。

2. 昔：產品檢驗後的結果就是最終品質。

　今：是一種動態的持續過程，這個移動面相包含了商品、服務、人員、處理、環境，此一動態的持續過程，需要被控制、管理，最終目的就要能滿足消費者的需要和期待，並創造商品的價值。

3. 昔：注重短期的營收數據。

　今：長期觀察趨勢發展，是組織管理者關注的目標。

4. 昔：組織通常在問題出現後，才會針對問題解決，沒有做到杜漸防微的管理，也可能使相同問題一再的重複產生。

　今：持續不斷的對商品、服務控制並修正，就是為了減少重複問題的發生，以及避免可能的問題出現。

5. 昔：商品品質的提升與生產力（產能）的增加永遠是相互衝突的。

　今：商品、服務品質的提升可以造就生產力（產能）。

6. 昔：員工永遠是被動、不積極且懶惰，需要時時被監督，才能維持工作績效表現。

　今：員工是具有主動思考、創新及做決定的能力，百分之80以上的決策錯誤來自於管理階層。

7. 昔：製造的商品品質只要讓消費者不會抱怨，對於消費者沒有要求的
　　事，並不會主動爲其設想。

　　今：消費者需求與期待不僅要被滿足，還要超越期待「沒有很好、只
　　有更好！」

第三節　TQM分析服務品質問題的工具

　　TQM分析服務品質問題會採用一些輔助的工具，收集資訊後再利用
這些工具將訊息數據化，發現問題所在並找出問題的解決方法，一般普
遍被使用的工具有七種：首先是「檢查表」（Check Sheet），檢查表是
一種事先預作的表格，於長時間內收集同一個類型的數據，可用於頻繁
重複發生的事件，或是問題發生頻率或模式的數據收集；其二是「帕雷
托圖」（Pareto Chart），假設百分之八十產生的問題，和百分之二十的
原因有關係。帕雷托圖有助確認問題的類別，以及造成問題的原因；第
三種是「因果圖魚骨圖」或石川圖（Ishikawa），從因果圖分析可察覺
的問題（看到或發現）所有可能造成原因，然後將問題歸納分析找出結
果；第四種是「控制圖」（Control Chart），這是一種可以監控過程可能
產生的變化，來有效控制結果的控制圖表；第五種是「直方圖條形圖」
（Histogram Bar Char），從直方圖形的顯示，可以看到問題肇因發生的
頻率，問題會在哪裡？又會產生什麼影響？以及問題發生後的結果是如
何？等；第六種是「散點圖」（Scatter Diagram），散點圖依據x和y軸上
的數據，了解不同因素的變化會有不同的結果；最後是「流程圖或分層
圖」（Flow Chart or Stratification Diagram），在生產流程中發生問題或
出現瓶頸時，可以採用此法，可以找出生產過程中可能造成問題的位置。
以下是這幾種工具的詳細說明：

一、檢查表（Check sheet）

　　檢查表（如表2）是一種輔助工具，爲彌補人類有限的記憶力及專注
力，或是因爲健康、疲勞因素等缺失，讓執行工作或任務時減少失誤的發

生，並能確保任務在執行過程中的一致性和完整性。

表2　檢查表（Check sheet）

1.	有效維持機艙走道暢通	□是　□否	
2.	起飛前機艙門安全檢查	□是　□否	
3..	逃生安全設施檢查	□是　□否	
4.	組員座位安全檢查	□是　□否	
5.	檢查區域內無可疑物品	□是　□否	
6.	機艙滅火設施檢查	□是　□否	
7.	廁所防煙警報設施檢查	□是　□否	
8.	區域內緊急醫護設備檢查	□是　□否	
9.	區域內廣播設施檢查	□是　□否	
19.	乘客座位安全檢查	□是　□否	
20.	檢查完畢後狀況報告	□是　□否	
被考核人：野原心之柱		考核人：小山美芽	
考核日期： 考核人簽名：		考核日期： 考核人名：	

　　例如待辦事項列表，根據一天或一段時間裡，必須完成及待完成事項，條列出要完成的工作事項，再按照執行事項逐一勾選確認完成；所以，客觀、加強記憶、並提高工作效率，是使用Check Sheet這項工具的特點。我們所知的航空業中，Check Sheet是輔助機艙組員和客艙組員，在執行任務前，所有飛行安全相關事項，在飛機起飛前執行的必要檢查工具。Check Sheet的功能就是透過逐項勾選確認已執行完成的方式，讓繁複的飛行安全檢查，不會因為記憶、專注力的降低而有所疏漏，藉以維持飛行安全品質，滿足所有消費者對於飛行安全的要求。

二、帕雷托圖（Pareto Chart）

　　以Vilfredo Pareto命名的帕雷托圖（Pareto Chart），也稱為排列圖

法，是質量控制的七個基本工具之一，著重在主要和次要因素分析，是一種柱狀圖（條形圖），是圖形方法中常用的一種品質管理控制工具。帕雷托圖起源於義大利經濟學家帕雷托（Vilfredo Pareto），1906年在他的第一篇文章「政治經濟學」中提出了他的看法。他觀察英國的經濟現象與財富分布狀況，發現到英國大部分的財富是被少數人掌握的，經過調查後的數據分析，在英國百分之二十的人口擁有大約百分八十的土地，而這項的現象也同樣發生在其他國家；帕雷托認為財富分配不均，是可以被預測的，在數學計算中具有一定的精確度，而這種分配不均的現象會不斷的重複出現。帕雷托原則應用最主要的概念，是要認識生活中的大多數事物都不是均勻分佈的，要在這個概念基礎上做出最有效的資源分配、時間運用和最佳決策。

帕雷托認為在大多數情況下，每一個問題的產生，百分之八十的問題的肇因都是由百分之二十的問題所造成的。帕雷托原則，也稱作20：80原則或二八原則，是說百分比中，變量約佔百分之二十，但這百分之二十的變量，卻能操縱剩下的百分之八十並影響結果；也就是說，所有變量中最重要的只有百分之二十，餘下的百分之八十雖然佔比例的多數，但影響並控制結果的範圍顯然小於百分之二十的「關鍵少數」，所以又稱關鍵少數規則。過去，許多管理者因為採用20：80原則，品質、效率因此獲得改善，1950年代品質管理運動正炙，羅馬尼亞裔的美國工程師朱蘭（Josef Moses Juran）是這個時期品質管理革新的重要人物，他利用20：80原則，與其他統計方法一起研究後，提出「關鍵少數原則」。所以，當要解決問題時，先將注意力在放在主要的問題上，如此便可以先消除大部分問題；找出這些導致主要問題的原因，也就是所謂的關鍵少數，當關鍵問題被解決後，同時也會減少許多次要問題對結果產生的影響。

應用帕雷托原則最主要的的目的，是讓管理者能夠專清楚了解，對產品品質影響最大的原因是什麼，在風險管理中應用，可以減少品質上的缺陷，並且提升產業與消費商品的滿意度與價值。不要誤認為帕雷托原則只需要以百分之八十的有效資源管理，就可以完成百分之百的效益；例如有

百分之八十的電纜線完成，並不代表這條線路可以被使用，或部分被使用，仍需要將剩餘部分才完成，才能完成電力傳輸的功能，供應照明、機器運轉或一切生活所需。

這一原則在當今的品質管理中也被廣泛應用，例如，百分之二十的消費者，卻貢獻了百分之八十的整體營業額，證明了帕雷托原則在商業管理和生活中的實際應用。帕雷托原則是一種現象觀察原則，而不是恆常不變的法則，這個方法的應用，不是強調要解決問題，而是要先了解哪些問題最重要，先確立組織最重要的目標是什麼？先將影響品質因素的次要問題擱置，關注哪些是關鍵因素，才能保持目標一致。

帕雷托圖表的應用最重要的目的，就是要控制品質，在服務業中，代表最常見的缺失來源，就是消費者的建議或抱怨。組織的管理者，隨時面臨有限資源、時間或其他問題的挑戰，追求較高品質時，專注於關鍵的20%可以節省許多時間，先確認哪些問題產生的影響最多，一旦確定了主要原因，就可以使用Ishikawa圖或Fish-bone Analysis等工具找出問題的根本原因。雖然通常將帕雷托稱為「20/80」規則，但20%的原因確定80%的問題，這個比例僅僅是一個方便的經驗法則，並不是不可改變的法則。帕雷托分析是一種正式的技術，可用於許多可能問題的分析，從本質上講，管理者在解決問題時，會先評估每種方式的優、缺點，然後選擇一個最適合的辦法，可以有效將解決問題。

帕雷托圖表也稱為帕雷托圖、帕雷托分析變化，帕雷托圖是一種條形圖，圖中縱軸的長度代表發生次數或頻率（時間或金錢），橫軸代表影響結果的各種原因或問題；透過這種方式，從圖中說明描述可以了解，哪些原因是影響結果的的主要、次要問題？哪些原因發生頻率最高？就會被視為影響結果的關鍵少數。

帕雷托圖（Pareto）是一種包含條形圖和折線圖的圖表，其中各個值按條形降序表示，累計總數由線條表示。左邊垂直縱軸代表原因出現的頻率，右邊縱軸是出現的是總次數，或是特定計量單位總數的累積百分比。以下面的例子為例，數值呈遞減的順序，為了找出改善品質的原因，先解

決前三個問題就能改善大部分的狀況。（如圖4-1）

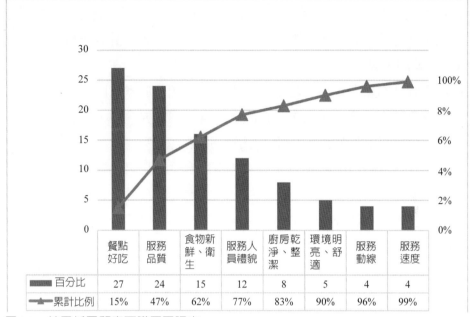

	餐點好吃	服務品質	食物新鮮、衛生	服務人員禮貌	廚房乾淨、整潔	環境明亮、舒適	服務動線	服務速度
百分比	27	24	15	12	8	5	4	4
累計比例	15%	47%	62%	77%	83%	90%	96%	99%

圖4-1　帕雷托圖顧客再購原因調查

三、魚骨圖（Fish Bone Diagram）

　　魚骨圖是日本人石川馨ISHIKAWA所創設計的模型，故一般叫它石川圖，因為圖形貌似魚骨，所以又叫作魚骨圖；又因為圖形是依據造成某一事件的各種原因所製作，這些原因和事件彼此都有因果關係，因此也稱作因果圖。

　　因果圖是用於分析過程原因與結果的方法，該圖的目的是將原因和結果連繫起來，人員腦力激盪、集思廣益，利用圖形分散分析、過程分類和原因列舉，描繪問題發生的順序視圖，因此著重在分析問題產生的先後，確認先後問題的發生彼此間是否有著必然的因果關係。

　　利用魚骨圖可以清楚發現造成問題的原因是什麼，魚骨圖是一種顯示因果關係的圖表，利用圖形顯示某些事件，與造成事件各種原因的一種模

型。ISHIKAWA的因果模型圖，通常使用於商品、服務的設計，可以發現所有潛在問題的肇因，也就是找出影響整體績效的可能的原因，用來預防產品缺陷發生，及維持生產過程中品質管理。魚骨圖是品質控制很重要方法，魚頭代表的是戰略目標，依主要類別、次要類別層層分析，狀如魚骨。主要的步驟如下：

1. 在魚骨圖的模型中，引起事件所產生的問題，放置在圖表的右側（也就是魚頭的位置）；基本分析的要素有幾個主要類別，置於圖表的左側，在各個主要類別下再細分為子類別。

2. 參與者利用腦力激盪的方式討論，集思廣益，找出影響品質的重要因素。

3. 再以魚骨圖，依據圖表中的訊息進行分析，對於不合邏輯因素予以剔除。

4. 歸納影響相同的因素，找出造成影響的關鍵因素，做出最後結果判斷。（如圖4-2）

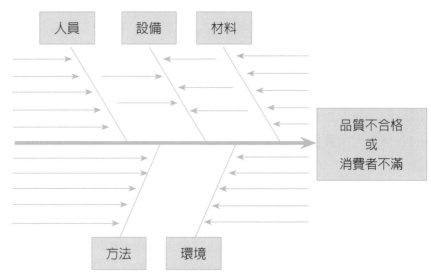

圖4-2　魚骨圖

每個缺失的原因都是讓結果產生變異的來源，在分析問題時，要

確定造成變異的原因，而大多數原因可分爲幾類，常見的分類是方法（Method）、技術（Machine）、人員（Member）、材料（Material）、測量（Measurement）和環境（Environment），英文縮寫爲5M1E：

1. 方法（Method）

藉由這部分的描述，可以發現服務流程中影響結果表現的缺陷因子，提供現在作業流程改進、修正的依據；可以使用於執行流程的方式，以及流程所需的特定需求，例如政策，程序，法規，標準和法規。在生產過程中找出流程中影響結果表現的缺陷因子，再採用適當、相應的工具或設施，去解決這些缺陷因子；如生產過程所需的工具、技能，電子設備、和其他相關工具的改善方法。

2. 人員（Member）

發現問題並找出影響結果造成缺陷的因子，這些影響因子是因爲人員因素，就必須找出確切造成影響的相關人員，包括參與此過程的所有人員；影響人員發生問題可能的原因包括執行任務時的專注程度，動機和情緒的影響，工作相關專業訓練的完善，都是人員因素影響的結果。

3. 材料（Material）

成品生產所需的原材料，零件、皮革、紙漿、木材等，原因來自於材料，必須回頭找出原料供應端問題的肇因；規格、標準、材質，任何一個可能影響結果的因素，都要放進描繪的視圖中，再找出其必然相關性，確認是否互爲因果。

4. 測量（Measurement）

生產過程中用於檢查品質，以及用於測量的儀器，檢測所產生的數據可以作爲有效的參考依據。

5. 技術、機器（Machine）

完成工作、任務所需要的所有機器設備、工具，或是相關操作、使用技術等，也是在生產過程中，可能影響品質的原因。

6. 環境、介質（Environment）

操作過程所需具備的條件，例如時間、空間的需求與控制，如實驗室

中菌株的培養，需要將溫度、濕度、光線控制在最有利菌株生長的條件；也就是與結果所有相關內、外部設施與環境，都可能是影響品質的因素。

四、控制圖（Control Chart）

控制圖是由Walter A. Shewhart在1920年間發表，所以控制圖也稱修哈特圖（Shewhart Chart），最初的目的為了要解決電話傳輸系統的流程控制；Shewhart把造成系統問題的原因分類繪製成圖形，再將生產過程用統計分析的方式加以控制、管理，不但解決了電話傳統的問題，也對日後製造生產預測、過程的管理，產生重要影響，因此修哈特圖，又被稱作流程控制圖。

控制圖是統計過程控制的一種方法，或是指生產過程的系統控制，可以控制變異的分佈，而不是控制過程中的每個變化；針對過程計算上、下限和容差範圍的控制，上、下限平均繪製中值線，定期收集樣本的測量值並加以聯結，就可以發現改變的趨勢。

控制圖可用於一段時間內的生產流程變項控制，過程中透過控制變項來改善品質，而對這些變項的了解與控制，是使用控制圖的關鍵。變化（變異、變項）有一般原因和特殊原因：

1. 一般原因的變化

一般原因的變化，代表這個變化是常常會發生，如果存在變化的是一般原因，也就是常常發生，可預知的狀況，就必須將生產過程中，常常發生的變異的原因找出並且改善，就能避免類似的問題不斷發生。例如：星期一到星期五，同一個路段的上班尖峰期一定會塞車，但是塞車時間不一定完全一樣，可能10分或20分鐘，雖然塞車時間不同，但塞車的狀況天天都會發生。一般原因的變化是可以被預測的，也就是說，如果你必須要在同樣路段、塞車高峰，開車上高速公路，不塞車時間大約20分鐘，但塞車時可能需要45分鐘，所以你會知道必須花費45分鐘的時間才能抵達目的地，這個變化是可以被預知的。

2. 特殊原因的變化

　　特殊原因變化是不能被預測的，因爲特別所以這樣的變化不會常常發生，預知上、下班尖峰時間上高速高路會塞車，特別避開高速公路的塞車尖峰期，選擇下午2點出發；但在下閘道前5公里發生車禍，車禍造成大塞車回堵數公里，這個因車禍而出現的塞車狀況就是不可預知的變化。如果存在變化的是特殊原因，就必須針對問題，找到問題的原因，然後解決，避免再度發生。我們以定期航班飛行爲例，控制圖上有一個「失控」點（無法控制的原因相對於可以控制的原因）。定期航線臺北到新加坡，今日預計飛行時間與昨日預計飛行時間一樣，大約中午1點會抵達新加坡，起飛後30分鐘左右，機長廣播因爲機械故障，必須立即返回臺北檢修；降落後檢查修復再重新起飛，抵達新加坡時已經是下午5點。控制變異的目的就是消除特殊的變異原因，以防止變異再次發生，雖然不能百分之百消除相同機械故障原因再度發生，但可以加強適當的機械定期檢修，來降低相同原因發生的可能。（如圖4-3）

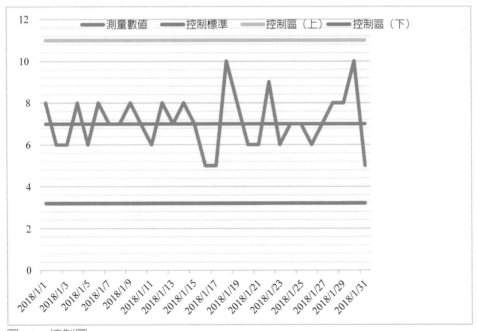

圖4-3　控制圖

五、直方圖（Histogram）

　　直方圖是一種統計圖表，也是品質管理七大工具中最簡單的一種，製作方式雖然簡單，但當圖形完成後的正確判讀，才是繪製直方圖最重要的目的。圖形中有X軸（橫軸）和Y軸（縱軸），兩個軸線（X軸）代表統計調查樣本，和（Y軸）樣本對應的數字（頻率、次數），並以條狀圖形來顯示數據，也是一種次數分配表，通常應用在連續性資料的評估（每個條狀圖型緊緊相連），藉以了解數據或資料分布的狀況。

　　直方圖是一組數據變化的圖形說明，讓我們能夠在簡單的數字列表中看到難以察覺到的樣態，據以分析數據集的分布與趨勢；連續變量有不同的聚類，根據每個聚類的值繪製圖形，如圖例中的系列條狀圖形，可以看出一組數據測量值的樣態分佈。（如圖4-4）

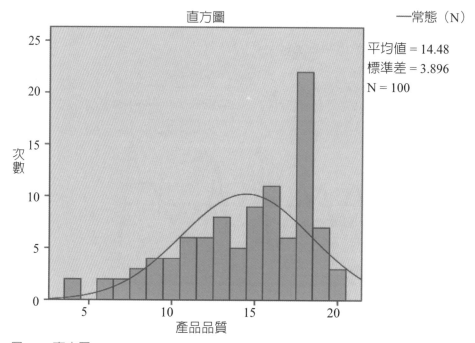

圖4-4　直方圖

1. 直方圖的優點

　　將大量數據繪製成直方圖，圖形簡單容易判讀，數值具有連續性，因

此圖形能清楚顯示資料分布的狀態。

2. 直方圖的缺點

　　不適用於非連續性的數據或資料，無法應用於非數字資料，且無法同時分析兩種以上資料。

六、條圖（Bar Chart）

　　條圖和直方圖一樣，都有X軸（橫軸）和Y軸（縱軸），也是以條形高、低來表示數據；但條圖是非連續性的離散數據，不同於直方圖連續性的特質，圖形的繪製，類別之間有兼具，不似直方圖緊緊相連。項目、類別沒有特定的排列順序，可以根據時間先後、數值大小順訊排列；依照調查目的相關數值大小作為排列依據，圖形就更能清楚判讀重要性。條圖是一種非連續性數據比較和趨勢表現的統計圖表，條圖的一條軸代表測量值，另外一條軸則標示項目類別（一種或多種），繪製條圖的目的是為了顯示調查數據的離散與趨勢分析。條圖在單獨類別中顯示離散資料，雙條（或以上）圖可用於兩種資料的比較。（如圖4-5、4-6）

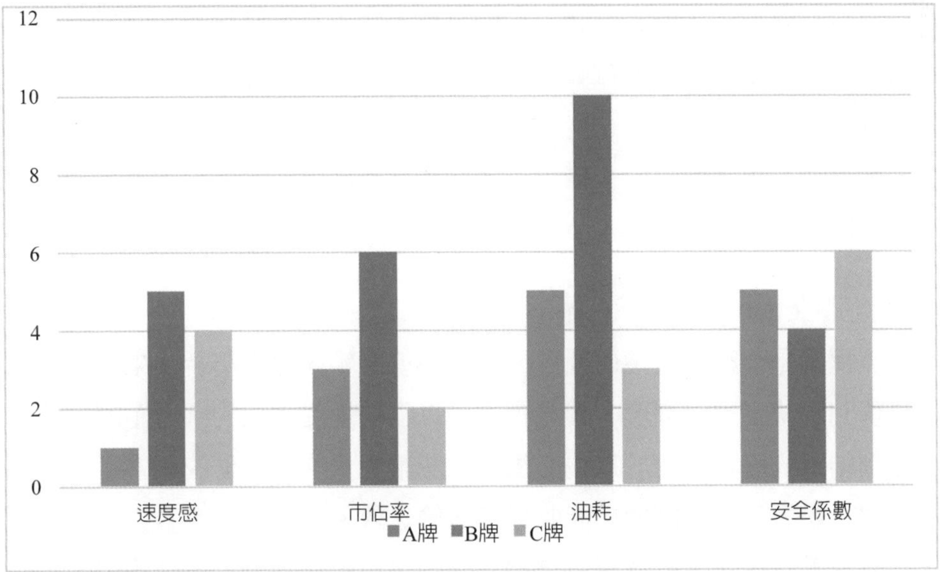

圖4-5　條圖㈠

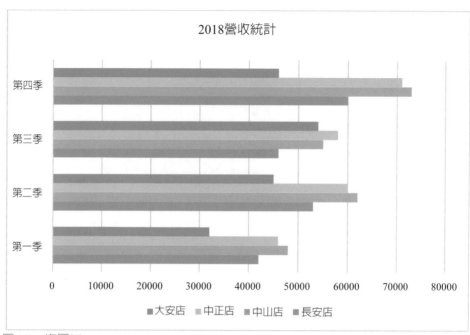

圖4-6　條圖㈡

1. 條圖的優點

　　可以從圖形中，輕易判讀資料的意義，也可以同時比較兩到三種的資料或樣本，更容易快速進行資料中狀態的分布及趨勢分析。

2. 條圖的缺點

　　圖形需要更多的說明、描述，僅適用於離散資料的使用，無法顯示造成影響的因素、原因。

七、流程圖（Flow Chart）

　　流程圖是一種利用幾何圖形、符號、或文字與線條結合，來表示問題從發現到解決過程的圖形，讓識圖人可以很快地從這樣的圖形了解事件從開始到結束的歷程，對於以往必須藉由閱讀大量文字堆砌的報告了解全貌的方式，繪製這樣的圖形更能收事半功倍之效。

　　流程圖是任務執行過程所需的步驟和決策順序的表示，順序中的每個

步驟皆以圖形記錄，步驟與步驟之間是透過直線連結，直線箭頭方向所指，就是下一個步驟進行的內容，可以讓觀看流程圖的人，清楚理解任務或計畫從開始到結束，步驟間的邏輯和執行過程的順序，可以有效地傳達任務執行過程的步驟並掌握進度。（如圖4-7）

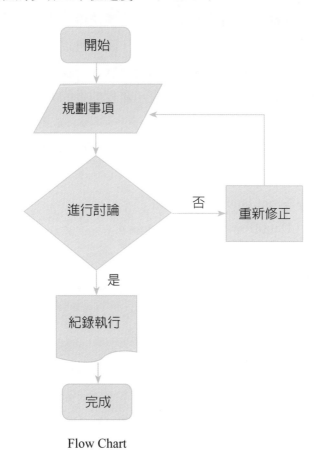

Flow Chart

圖4-7　流程圖

　　如果不熟悉流程圖，在使用流程圖之前，必須要先了解各個符號代表的意義，這一點是非常重要的，就像使用任何語言單詞傳達訊息一樣，必須要了解單詞的意思，流程圖符號也像文字一樣具有特定含義，了解流程圖符號所代表的意義，才能利用流程圖並有效傳達訊息；為了使流程圖容易閱讀並廣泛流通，美國國家標準學會（ANSI）於1970年公佈了流程圖

的使用符號，可以使閱讀流程圖的人能很快了解符號代表的意義，並掌握流程邏輯方向。

　　這種圖形可以應用在實際生產或服務流程設計模型，和過程中產生的問題、可能的機會和必要決策的時機等，利用圖形繪製討論過程，除了能集思廣益找到問題最有效的解決方法外，也能使參與相關人員對流程與結果形成共識。流程圖的繪製有不同的形狀，圖中可以使用許多符號，大致有幾種表現方式：具有圓形末端或橢圓的形狀代表過程的起點和終點，矩形用於顯示臨時步驟，直線的箭頭則表示流程前進的方向，這些形狀都稱為流程圖符號。

　　依據不同的類型和用途，有許多的流程圖類型，以下是較常用的類型：

1. 泳道流程圖（Swim lane flowcharts）
2. 數據流程圖（Data flow diagrams）
3. 影響圖（Influence diagrams）
4. 工作流程圖（Workflow diagrams）
5. 處理流程圖（Process flow diagrams）
6. 是/否流程圖（Yes/no flowcharts）
7. 決策流程（Decision flows）

八、散點圖（Scatter Diagram）

　　散點圖是利用X軸Y軸的坐標值，來確定該座標值所在的位置（點），如其名稱（散點），就是由一些散落在X、Y座標的值所繪製成的圖表，所以叫做散點圖；這些點會落在哪些位置，則是由其X值和Y值來決定，所以也叫做XY散點圖。該圖用兩個變量繪製，通常第一個變量（A值）是獨立的（自變量），第二個變量（B值）必須根據A值產生且隨之變化（因變量）；所以，當條件屬於一個容易被測量的值，而另一個值不易測量時，使用散點圖表是非常有效的工具。

　　自變量沿水平軸（X軸）繪製，因變量繪製在垂直軸（Y軸）上，Y

軸通常用於想要預測其行為特徵的結果，找出自變量與因變量之間的相關性，因此散點圖也稱做相關圖表。利用散點圖確認這兩個變量之間的相關性後，根據自變量（A值）來預測因變量（B值）的行為特徵結果。 散點圖討論的是兩個數值（自變量、因變量）之間的相關性，可從散點圖中分析兩個變量之間的關係，但兩個數值之間並不必然有因果關係，和魚骨圖（Ishikawa、因果圖）用找出問題產生的因果關係並不相同。（如圖4-8）

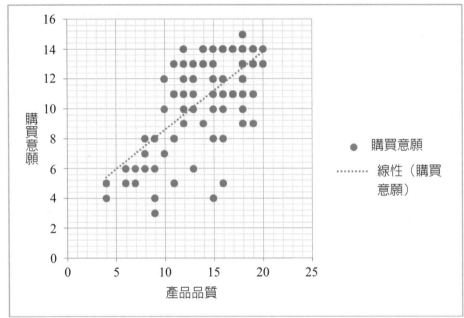

圖4-8　散點圖

九、藍圖（Blueprinting）

　　TQM除了以上七個普遍為人所知的輔助工具外，服務藍圖也是一種被服務業廣泛利用的品質改善工具；服務藍圖的雛形，在二十年前就被開始使用，已經發展成為解決服務設計中許多挑戰的有用及創新的方法，特別適合消費者實際體驗設計。服務藍圖以消費者為導向，依消費者需求設計，作為組織管理控制品質的有效工具；也就是從消費者的觀點來看服務

提供者所提供的商品、服務，從服務流程、消費者聯結，執行，是否符合消費者所認定的服務品質，依此改善缺失並持續維持好的品質。

　　服務藍圖最初用在服務設計和創新的技術的研究，近來也被應用在運營績效問題上的評估，該技術最初由銀行高階主管G. Lynn Shostack 在1984年的「哈佛商業評論」中發表。服務藍圖是一個管理應用的流程圖，從消費者的角度去看商品或服務傳遞過程，將這個流程繪製成圖，也成為管理服務績效、服務設計和服務定位的廣泛使用的工具之一。Shostack 在1984年，為了檢視服務傳遞或產出的過程，提出服務藍圖（Service Blueprinting）的概念，服務藍圖就成為檢視服務流程，及分析過程是否出現問題的工具。服務藍圖是一張描繪服務流程的地圖（Map），生產製造業的作業流程圖中，可以明確檢視產品製造過程，當品質發生問題時，就根據流程圖找出發生問題的環節，分析並解決問題；服務藍圖利用相同的概念，製作一個流程圖來描述服務產出的過程，在每一個階段（環節）的活動中，標示服務人員可能發生錯誤的地方，作為改善服務品質的依據。

　　根據行政院經濟部的統計數計顯示，臺灣服務業佔國內企業約百分之六十，服務業就業人口約三百萬人，服務業比例高於其他產業的狀況，不僅僅是在臺灣才有的現象，美國國內服務業的佔比更高達八成，全世界的許多狀況也都類似；原因是消費市場劇烈轉變、消費行為模式改變、消費者意識覺醒，使得以往以工業產品標準化為導向的品質管理模式，相對於今日以服務品質為導向的消費市場，許多管理方式與觀念也都要隨之改變。服務藍圖可以讓服務的過程可視化，根據藍圖每個人都能清楚了解基礎組織結構，對於服務概念發展行程階段非常有用。

　　服務藍圖也可用於確認服務流程中，每個步驟中可容忍變化的程度，而不會影響消費者對服務品質和即時性的看法（Lovelock，Patterson和Walker，2001）。在藍圖上增加等候點和失誤點，等候點代表的是服務流程中，消費者等待時間可能超過平均或最小可容忍預期的一個點；失誤點是可能影響消費者滿意度或服務品質的任何一點，這些因素增加服務藍圖

對於品質改善具有的價值（Zeithaml，Bitner和Gremler，2006）。服務藍圖是可視化組織流程的圖表，可以優化組織提供消費者體驗的方式，也是是服務設計中使用的主要工具。可以依據各個服務業之服務流程特性加以評估，提供的內容與服務流程有高度相關的服務業，服務藍圖就是是一種適合應用的工具。例如，諮詢服務業、科技服務業、觀光餐旅服務業。有效的服務藍圖須遵循五個關鍵步驟：

1. 尋找支援

首先要進行服務藍圖製作訓練與學習，並設定服務支援層級，召集一跨部門、單位的聯合計畫小組，負責服務流程規劃，並建立相關對服務品質需求訊息的提供或支援網路，這些訊息支援可以來自組織管理者、執行人員或消費者。

2. 定義目標

確定方案後，選擇藍圖應用的範圍及焦點，和相關的消費者，決定藍圖的構面，以及預計執行後可以實現的目標，藍圖不僅能提供現有服務流程改善的觀察，也能為組織開發市場未來潛在服務的機會。

3. 收集資訊

與一般需要大量消費者體驗，來自於外部反應的資訊收集有所不同，服務藍圖主要由內部收集、研究的資訊所建置而成。

(1)收集消費者研究（Gather customer research）

首先是消費者行為訊息的研究與收集，就是收集消費者在與服務傳遞過程中，與服務人員實際接觸互動步驟與流程資訊，並加以分析，消費者服務流程可以從現有的消費者服務體驗中產生。

(2)收集內部研究資訊（Gather internal research）

選擇直接觀察服務人員來獲得藍圖研究資訊收集的方法，或是使用多管齊下的方法、組合多種方式取得的資料，從不同的角度（工作角色）、觀點和看法，找出一個能改善服務品質最適當的方式；內部研究調查資訊可以從人員訪談、直接觀察、市場相關調查和日誌紀錄研究，來收集這些內部訊息。

⑶典型服務藍圖有五個組成部分

　①服務設施與環境。

　②消費者行為。

　③前臺/可見並可直接觀察提供服務人員的行為。

　④後臺/支援前臺服務（不直接接觸消費者）的工作人員任務規劃。

　⑤服務設計與支援流程。

4. 繪製藍圖

　　組織繪製藍圖前簡短的討論會議，對於接下來步驟的完成是有益的，也有助於組織在所有單位間建立團隊共識，讓服務藍圖執行時，能保持團隊成員之間的互助。藍圖資訊的收集，需要各相關單位、部門的合作，若藍圖因為某些原因單獨完成，也一定要儘早、頻繁地與利益關係人和參與計畫者分享藍圖中所有的資訊。服務藍圖中，所有服務執行的步驟，從開始到結束的消費者行為，都必須按順序每一個步驟仔細描述；消費者體驗是步驟的理想起點，藍圖的描述重點是服務人員傳遞服務時的操作過程，而不是消費者感知體驗，重點在服務傳遞者和消費者接觸時的描述，了解需要修正或調整的地方。描繪服務人員傳遞服務前、後的動作，包括服務前的準備、服務過程和完成服務後續的所有服務支援活動。增加服務人員與消費者有效互動的流程，這些流程與組織內所有人員的活動相關，包括與消費者並不直接互動、接觸的人員；但是為了要提供並支援服務人員完成任務，需要執行這些支援服務流程的有效設計，因為服務品質的好壞，雖然是由服務傳遞人員，與消費者直接接觸的感知結果形成，但通常會受到這些線上、線下支援服務是否完善的影響。

5. 重新定義及分配

　　這一步驟的討論可能在會議中進行，反映問題的過程中，找出各部門為改善服務品質之間可聯結的共同點，並根據服務支援重新組合、分配，讓服務品質改善更接近服務人員可實際執行任務的需求。根據需要增加可以提供的支援，對服務品質進行優化，這些詳細資訊包括時間、指標和法規。藍圖本身只是一個工具，利用圖形、指標創造一個視覺描述的過程，

在這描述過程中，找出服務流程的接觸點、失誤點和關鍵點，可以清楚說明組織內部流程的缺失。（如圖4-9）

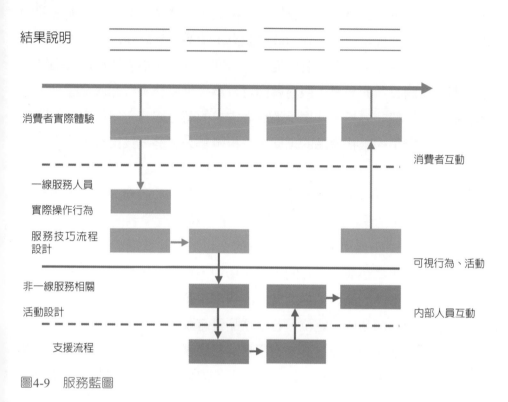

圖4-9　服務藍圖

服務藍圖的功能

1. 提供創新平臺

　　服務藍圖Blueprinting為消費者、服務人員、管理者參與服務創新過程中，對於開發新的服務設計或改善服務品質，提供了一個共同討論的平臺。服務藍圖為組織成員提供了整個服務流程的描述，讓他們可以深入了解如何扮演好自己的角色，在組織中發揮最大功能。服務設計是一個複雜而持續的過程，服務藍圖有助於服務設計和服務流程的改善，並且有助提供組織服務的創新。

2. 提供理想的服務品質

　　服務藍圖也適用於市場行銷領域，因為服務藍圖可以根據消費者體驗感知，設計出更符合需求的服務設計。例如，服務業在進入市場銷售前的產品定位，通常會藉由許多管道收集訊息，這些訊息就是消費者對於理想產品的看法和認知，找出關鍵的需求及方向，可以作為未來產品（品牌）定位服務藍圖設計的參考。服務藍圖可以為提供服務業者和服務設計者，提供觀察、比較、分析，什麼是消費者需求的理想服務，組織現有的服務和其他競爭對手的服務產品的不同，分析優勢、劣勢，找出改善的方法。

3. 清楚定位

　　組織可以透過服務藍圖的繪製，了解競爭對手的服務流程，和市場競爭定位所需的和組織實際提供的服務，是否符合消費者的期待或需求，確定服務品質差距產生的關鍵因素為何？也是服務藍圖的一個非常重要的功能之一。組織在競爭激烈的全球市場中，找出正確地定位，並不斷努力將提升服務產品的品質，從消費者的角度出發，找出能夠擴大藍圖現有服務；服服務、商品依照定位，若服務品質有改善的需要，除了對硬體設施、環境進行適當的維護，必要的服務流程修正或重新設計也不可少，目的是提供更好、更新的服務，減少消費者抱怨並，提高消費者對品牌的忠誠度。

4. 設計貼近真實

　　從Blueprinting中可以了解提供服務的人員和消費者，在傳遞服務過程中每一個接觸與連繫的實際狀況，應該做出的那些可以改善服務品質的決定；根據消費者感知認知，和傳遞服務者與其他服務支援人員的建議改善，使得服務設計除了能根據消費者需求改善，也能符合組織成員執行任務的實際可行的狀況，服務流程的設計與改善，更貼近真實。服務藍圖幫助組織管理者，對消費者的服務品質進行改善外，根據相對容易確定的因素，提供消費者需求服務，和背後提供這些因素的支援服務，找出關鍵接觸點，進行修正。藍圖可以更了解服務流程關鍵點的操作，找出更精簡的操作步驟，減少消費者等待服務的時間，有利組織人力資源管理和市場行銷。

5. 確認角色關係對品質的影響

　　服務藍圖是用來設計複雜的服務流程，服務失誤點可能發生在消費者與服務提供者互動時的任一時間，在服務藍圖上，標記這些失誤點，可以預防失誤發生的可能。服務藍圖在製作的過程中，可以更清楚了解整個組織，和各個單位成員間，每個角色彼此的關係；服務藍圖可以清楚顯示與消費者接觸的每一個點，有助於識別造成服務失敗，可能發生在什麼的環節或接觸點上？更快找到影響服務品質的原因。

第四節　全面品質管理的重要性

　　品質管理包括四個部分：品質計畫、品質保證（缺陷預防）、品質控制（包括產品核對總和其他要素，如能力）和品質改進。品質管理就是組織為消費者提高或改善商品、服務所作的相關活動與努力，消費者對商品、服務的滿意度，視為組織管理品質的最終目標，也是管理階層決策判斷與領導的展現。全面品質管理是衡量產品或服務的可被消費者接受程度的指標；也可以定義在管理過程中應用品質管制體系，以最低的成本提供消費者最大的滿意，同時在過程中不斷的修正。

　　全面品質管理（TQM）是一種組織所有成員參與並採用系統化的方法，對組織持續進行改善管理的過程，從發現問題、建立承諾、鼓勵組織成員參與決策，其目的就是要超滿足甚或超越消費者的期望。

　　一項商品的製造生產過程，符合生產檢驗的標準後，經過行銷、推廣進入消費市場，儘管商品的品質很好，但當消費者購買商品過程，銷售人員的服務與應對方式，沒有展現服務的熱誠，態度也不友善，消費者在還未體驗商品品質前，便已感受到不友善的對待，影響整體商品、服務品質的判斷；不良的服務品質，不僅影響其他相關商品的評價，對於組織品牌商譽也會有不小的傷害。

一、建立品質改善文化

　　組織文化需要跟著時代改變，並持續不斷朝有利於組織發展的方向修

正，鼓勵組織成員提出創新的想法必給予正向的回饋，讓他們知道組織或組織管理者尊重他們的想法，刺激成員互動與發想；藉著全員參與對改善品質提出想法，並共同討論做出決策，讓改善品質在組織中成為人人參與的活動，思想、行為改變，可以使改善品質文化深化到組織各階層。

讓組織內的所有成員了解全面品質管理（TQM）的概念與意義，充分參與成為TQM執行任務的必要元素是關鍵，當成員了解他們有被組織期望和需要，也能與管理層共創願景共享利益時，意識到這些目標的執行將影響組織未來發展，TQM強調的品質文化便能隨著時間深植。

二、過程中持續改善

全面質量管理（TQM）不是一個靜止不動的書面計畫，而是一個全面、長期且持續不斷進步的過程，如果停滯不前就是退步，即使是一些些微的改進，都能讓組織產生變化；組織需要密切的關注市場，並不斷隨著需要彈性調整相關規劃程序和控制措施，定期檢視改善執行的結果，能讓品質持續隨著消費者需求不斷改善。

某家航空公司的客艙組員服務態度不佳，旅客不會認為那是組員的個人因素造成的問題，一定會覺得是這家航空公司的服務品質管理不佳，服務過程中造成問題的某單一事件，可能產生一連串蝴蝶效應，最後影響整個組織的品牌形象；故此，服務品質的管理就不能像以往，試圖就問題發生的單一人、事、物討論來解決問題，應該找出環環相扣可能發生的原因（可能不只一個）持續，進行改善並隨時控制管理。

三、關注消費者需求

現在的消費市場，消費者對於商品、服務的需求和期待時時在變化，昨天的期待，也不意味著今天不再有需求，今天的滿足，不代表明天仍然滿意，了解並關注消費者需求，對於組織長期經營有絕對助益；因此，TQM強調組織必須和消費者建立聯結並維持互動關係，隨時關心時時注意消費者的感受，好的銷售者不一定有舌燦蓮花的本事，真實了解、關心他的客戶才是鐵律，與消費者建立友善、和諧的關係，記錄並整理每個消

費者資訊與喜好，掌握目標市場消費者需求改變趨勢，才能在下一個過程中因應變化持續改善，滿足消費者需求。

四、提高服務產能與效率

　　生產力的衡量是指產品生產過程中，投入量相對於產出量的比例，生產力提高，就是指產出量相對於投入量比例的提高。服務業中所提供的服務是無形且抽象不易被量化，使得服務業中的生產力和服務品質一樣，很難被實際測量；因為服務業中生產過程中的投入和結果的產出，兩者都無法明確被定義，所有的投入並不代表會有相同的產出。

　　效率通常是以時間做基準與之相較，服務人員完成一項特定工作需要多久的時間？但對於服務品質而言，服務的效率雖然講求時間與速度，但並不能因此而犧牲服務品質。以機上服務來說，經濟艙乘客人數200人，頭等艙乘客20人，飛行時間3 小時30分鐘，3小時30分鐘扣掉起飛、降落及準備其他服務時間，大概2小時不到；要在短時間提供200位經濟艙乘客餐點服務，服務效率顯然是要被優先考慮的重要因素。客艙組員要在有限時間內，完成服務200名乘客的任務，除了服務流程標準化減少時間的浪費，在傳遞所有服務的過程也必須注意應有的服務品質的維護（有禮、親切、微笑等）。

　　效率是公司或組織達成目標的程度，但消費者對服務品質的感知是判斷是否再度消費的依據，所以不能將品質和消費者滿意的因素，排除在提高生產力的要求之外。傳統服務業對生產力的測量，多半忽略服務的品質與消費者滿意所創造的價值，關注是產出量而非產出的結果；因為一味追求效率的結果，可能引起消費者不滿，降低回頭率。所以當面對現在的消費者，在思索如何提高服務效率的同時，也同時不影響服務的產能，必須先思考一些問題：

1. 如何將投入量有效的轉換為產能？
2. 如何兼顧服務品質與產能？
3. 服務人員職能訓練與加強，是否能有效提升產能？

4. 滿足消費者需求是否會影響產能？

　　從全面品質管理的角度而言，效率和品質缺一不可，根據目標市場消費需求提供產能的前提之下，也要維持商品、服務的品質，有幾點注意事項：

1. 控制成本、減少浪費

　　產能設定必須符合需求，過多產生浪費、不足則會降低滿意度，利用服務品質改善工具找到最能維持品質，並降低資源、成本浪費的方法來提高產能。（例如：以工作職能應具備的特質，作為招募人員最為優先考量因素，如此，能有效降低人員離職率，減少頻繁招募產生額外的人事費用）。

2. 更新老舊系統與設備自動化升級

　　許多服務業對於較枯燥乏味、缺乏成就routine的工作，將這些工作自動化，交由機器人處理，可以減少人為錯誤，降低人事成本；在許多國家的飯店經營，為減少人力成本支出，飯店的Check in 櫃檯的服務，都已經被機器人取代。

3. 人員職能訓練與加強

　　新進服務人員要經過完善的職前訓練後，才能實際參與上線服務，對於職能或績效表現不佳者，也應有加強訓練課程或相關支援，避免產生不當人力降低服務效能。

4. 根據需要，重新設計服務流程

　　審視將服務流程中可能影響服務品質或服務效能的因素，根據實際需要，針對服務原有流程進行修正，必要時或重新設計（例如：服務藍圖），以期提供更好、更有效率的服務。

第五節　Six Sigma管理

　　Six Sigma是由摩托羅拉在20世紀80年代中期針對品質管理所開發出的一種管理方法，在1990年代早期就成為通用電氣（GE）普遍使用的

管理方法，之後全世界超過一百家的大型企業都採用Six Sigma作爲組織或業務的管理方式（Weiner，2004）。所謂的Six Sigma就是10的6次方1000000，目標是將品質中不良或有缺陷的機率，維持在百萬分之一。Six Sigma是一個強調測量品質以達到完美的技術，Six Sigma執行過程中，百分之99.99966的產品的生產從統計上是少有缺陷的，有缺陷的少於百萬分之3.4（Antony & Banuelas，2002）。也就是經過測試後的商品或服務的績效，以Six Sigma作爲達成標準的依據，目標是不斷努力提高現有績效，以期達到Six sigma的水準。

　　TQM讓組織成員爲解決問題相互腦力激盪，最後提出可以改善品質的最佳方案。Six Sigma是從顯示的數據中找到持續修正的一種統計方法，其功用是用來減少產品在製作流程或服務過程中產生的損害，專注生產過程的評估，以數據結果影響決策。以往傳統品質管理的觀念中，維持產品品質過程，測量有瑕疵的產品在百分之一的標準下是屬正常範圍內的失誤，原因是由於以往商品需求不像現在這麼高，所以百分之一商品的不良率，在以往是可以被接受的；但如今消費市場商品需求動則百萬，若以百分之一不良率的標準放在現今市場，生產一百萬的商品，不良產品就有可能將近萬件，在消費市場發現爲數中眾多的缺陷產品，結果就是商譽被負面評價的海嘯吞噬，組織因此一蹶不振。

　　Six Sigma雖然開發之初，是要針對製造業製作過程缺陷產品的控制，但這樣的品質管理的方法，也適用在服務業中對服務品質的管控（Harry，1998）。根據Six Sigma的定義，商品或服務的不良率，在被管理的過程中，是可以被控制、被修正的；儘管Six Sigma的應用，也曾產生爭議但透過Six sigma管理，可以辨識缺失產生的原因，降低生產過程可能發生的變化影響結果，而達到提升、改善品質的目標。Six Sigma也被作爲衡量操作流程或服務績效的指標，即使改進過程仍然無法達到Six Sigma標準，但也能對品質控制持續進行改進，除了能在品質控制過程中減少產品因缺陷造成耗損的成本降低，並能進一步的提升消費者的滿意度。

在商業世界中，Six Sigma瑪被組織採用做爲提高業務盈利能力的一種策略，藉以改善所有商品、服務業務的效率，以滿足或超越消費者的需求和期待（Antony & Banuelas，2001）。Six Sigma因爲能降低商品在製作過程產生缺陷，所以可以縮短商品製作周期，以及大幅提高消費者滿意度。管理者對於這種績效管理方式大多反應正向（McClusky，2000），但如果缺乏所有成員的實際參與和組織承諾，Six Sigma就無法有效執行（Kwak & Anbari，2006）。

一、執行Six Sigma的步驟

對於品質和流程的改善，六標準差Six Sigma使用五個階段結構化的方式來解決問題，稱爲DMAIC標準作業流程，包含定義（Define）、評估（measure）、分析（analyze）、改善（improve）、控制（control），這是執行Six Sigma非常一般性的步驟。（如圖4-10）

1. 定義

    確認問題

    定義需要

    設定目標

2. 評估

    驗證產生問題的結果與過程

    重新定義問題與重新設定目標

    評估所有操作步驟及過程中所有需要輸入的要素與成分

3. 分析

    提出因果假設

    找出問題的眞正原因

    證明假設

4. 改善

    開發適當評估方法，藉以尋找產生問題的根源

    修正測試

定義
定義主題目的和
範圍，確定品質
的改進流程，判
斷消費者需求和
期待

控制
任務執行前、
後，監督控制系
統、記錄結果並
建議分析。

評估
評估相關問題的
基本數據，確認
可能需要改進的
問題。

改善
了解造成問題的
主要原因，並利
用適當的工具解
決問題。

分析
根據獲得的數據
驗證根本原因了
解原因後並，找
出改善問題的解
決方法。

SIX Sigma-DMAIC
圖4-10　DMAIC標準作業流程

　評量結果

5. 控制

　　根據需要修正問題

　　建立評估標準，維持績效表現

　　另外在策略上，Six Sigma系統不僅是一種品質改善的工具，更是強調透過人員的訓練、統計工具與其他技術的運用、有效改善作業流程設計、以及強調領導統御的企業文化組織管理等四項管理策略所建立的執行工具。

　　在實務運作中，首先是進行品質改善的專案選擇，再藉由專案審查來確保改善方向的正確性，並評估專案小組是否有能力如期完成改善。而專

案的基礎結構，是一種從上而下的管理方式，由公司的管理者來領導執行；然而，企業會因組織文化不同的屬性，推動組織結構常常會受推動目標、執行計畫、預算、人力與資源的影響，而有不同組織定位。

　　要導入Six Sigma，企業必須能夠訓練專業人員，以全職方式組成改善團隊，專職人員對於Six Sigma的實施具有關鍵的地位，另外企業應該是一個共同學習型的組織，不斷的學習、自我超越、提升心智並建立系統性的思考，而這樣的組織必須在共有的願景上才能成立（Gerald et al.，1999）。

　　美國商業週刊認為，通用電氣奇異公司推行Six Sigma，給奇異公司帶來巨大的經濟效益，也就是說奇異公司Six Sigma的推行，得到了比管理者最初想像更多的收穫，是一個令人驚訝且了不起的成就；但奇異公司在推行Six Sigma時，投入的教育訓練經費其實是非常高昂的，也就是成功的關鍵因素之一。奇異公司的教育訓練是全面的，以執行長或管理者來說，重點在於如何規劃遠景和策略、如何管理改變，以及領導能力的展現，與組織單位的溝通。

　　從上述的討論，發現Six Sigma在改善品質的過程中，不論是建立專案及檢視專案，更重要的是對從事專案管理的結構，規劃完整道全面的教育訓練，這個部分經費與時間的投資是無可計數的，但卻是品質改善成功的基礎。

二、Six Sigma的關鍵概念

　　Six Sigma是理性品質改善文化，能確保商品、服務品質的質與量，具備以下關鍵的概念：

1. 關注並定義關鍵服務流程與消費者需求，整體的戰略目標明確。
2. 關注品質改善主題、活動有效的協助，消彌因改變可能產生的阻力，並獲得資源。
3. 將組織所有單位、部門缺失因素量化分析，例如工程單位、製造生產、管理部門、資訊軟體等。

4. 生產流程改善前問題原因的評估，將改善品質重點放在表現的結果，提高執行改善任務的執行力與效率。
5. 提供人員服務品質改善相關等知識、技能的訓練；減少無附加價值的活動，降低時間周期循環的影響。
6. 運用適當的工具與人員訓練，對商品、服務品質做出具體改善，能訓練、培養優秀專業的品質流程改善管理人員。
7. 得出結論，設定直線改善目標。（如圖4-11）

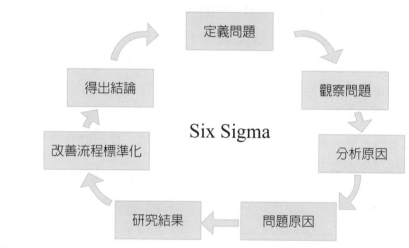

圖4-11

　　組織管理如果要使得TQM管理有成效，就必須在組織內部形成共識，積極解決問題、改善品質、創新思考、追求消費者的滿意，內化成為組織內部所有成員的價值觀。Six Sigma為全面品質管理TQM提供了改善品質的方法，尤其是影響品質甚鉅的人力資源與服務生產流程因素整合（Holtz & Campbell，2004）。Six Sigma能在全面品質管理TQM中獲得實現。人力資源問題包括管理者的領導能力、組織的團隊精神、服務人員的專業職能、人員處理消費者問題的能力；服務生產流程中包含了統計方法的應用與分析、流程管理技術的應用、影響生產績效變異的因素，以及問題解決方法的規範與管理。

第六節　Baldrige卓越績效模式

　　Baldrige可以應用在促進提升服務品質管理，Baldrige是總部位於康涅狄格州沃特伯里的黃銅公司Scovill·Inc的董事長兼首席執行長CEO，他在1962年加入Scovill後，將陷入財務困境的黃銅廠，領導其轉型為高度多元發展的住房和工業產品製造商。1980年12月11日，Baldrige當選總統羅納德·雷根提名為商務部長（1981-1987），他也是質量管理的領導者，在商務部任內，Baldrige將行政人員開銷預算減少了30%以上，但卓越的管理能力改善了政府的行政效率和經濟效益。

　　1987年的美國品質修正法案制定，並以他的名字為該獎項命名（Malcolm Baldrige國家品質獎），並於1981年1月22日得到美國參議院的確認，Baldrige任職期間，在製定和實施行政貿易政策方面發揮了重要作用，領導政府部門通過1982年出口貿易公司法，Baldrige被總統任命為內閣的貿易部主席，為打擊不公平貿易或壟斷行為，提出制衡這些行為的方法，成為反壟斷改革的先驅。（如圖4-12）

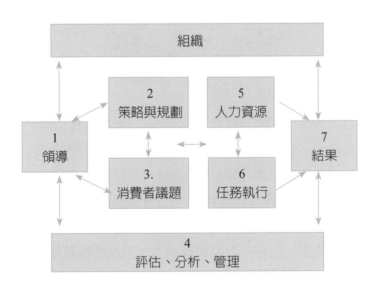

圖4-12

　　Baldrige是品質管理的支持者，獎勵計畫的目的是透過規範和標準制

定，來提高美國製造商品的品質和生產效率，可以被組織用來評估自己的質量改進工作的標準。衡量組織績效的兩個最有效的方式，是平衡計分卡（Kaplan，1992）（Norton，1996），和管理模式的績效標準，Malcolm Baldrige績效指標是一個具有多種用途的關鍵管理工具，檢視的類別有：

一、領導力（leadership）

一個好的領導者，要為組職建立價值觀、組織文化，設定戰略目標和方向，組織內、外的溝通，發揮著核心作用並創造價值。

1. 如何建立組織的願景和價值觀，提升團隊精神與向心力？
2. 如何有效整合利用組織的人力資源？
3. 如何與關鍵客戶、合作夥伴與消費者保持良好溝通與互動？
4. 如何建立一個成功的組織？

相關問題可以檢視資深管理人員如何領導組織以及是否有效管理組織成員，能擔負組織賦予的責任並面對問題且不逃避。領導者的能力必須彰顯在，是否平衡組織內設定個人和集體實現的目標，透過溝通建立共識，調組織內成員彼此相互尊重，帶領組織成員集體思考、創新，增加組織中個人賦權及責任制，提升服務品質滿足消費者需求。

二、戰略規劃（strategic planning）

檢視組織是否有效設定戰略方向以及如何執行關鍵行動計畫。首先發展戰略目標，目標設定後的戰略規劃，規劃過程中市場訊息的收集與數據分析，根據分析、討論後並激發創新融合得出最後目標。

接著依據目標劃分任務，訂定各組織各單位責任目標，協調各單位執行任務間可能產生衝突時，以組織利益為前提下取得平衡，並設定目標達成時間。於目標戰略實施過程中，要有支援任務執行的中、長期計畫，人力、財務資源的有效分配，若計畫執行遇到不可預期狀況發生，有必要的備案計畫可以支援。當目標達成後的檢視更為重要，可從結果追蹤發現什麼樣的關鍵績效指標，能有效達成目標，有助於找出未來的新目標的視野與規劃；如果目標未能有效達成，或因其他因素計畫改變時，也有助於建

立修改後續計畫標準，讓最終規劃的目標能順利執行。

三、消費者關注（customer focus）

Patric Mene認為滿意是一種態度，忠誠則是一種行為，消費者可能確實感到滿意，但仍然會因為其他因素改變忠誠度；消費者滿意與忠誠之間的關係，並不是絕對必然，從許多研究中確實發現滿意度是決定忠誠度的主要因素（Anderson at el., 1994），但消費者忠誠度仍然受商品或服務品質、商品價格，組織商譽或品牌形象等其他因素的影響而有所改變（Devaraj, Matta & Conlon，2001）。

利用Malcolm Baldrige績效標準管理模式，檢視組織管理者是否了解和市場的要求和消費者的期待，如何與消費者建立良好關係，並滿足消費者需求與期待；以消費者為導向思考，主要關注的是滿足所有消費者的需求，同理心、傾聽和回應消費者個別需求，能發想、創造新的服務思維，並確認服務傳遞過程順暢。

四、分析與評估（Measurement, and Analysis）

如何選擇和使用數據和訊息進行評估，以提供組織規劃和改善績效，這些收集的數據和訊息包括財務、市場績效的衡量、消費者調查分析等，利用流程管理不斷檢視和改進，當組織外部發生變化能有效預測和快速反應，最終目的就是要達成組織的戰略目標。

財務績效表現向來和生產率、市場表現、生產作業系統或服務流程及產品品質的關係密不可分（Evans & Jack，2003）。從實際改善品質執行的角度來看，說明與品質相關的改善措施，的確會對財務績效產生影響（Hendricks & Singhal，1997）。例如：品質成本因素就是造成財務績效改變的變量，而品質成本中又含括了預防成本、失敗成本等等，觀察這些相關成本執行績效，有助於了解改善品質支出的結構與指標是否一致。

檢視消費者相關數據和資訊的管理，有效使用數據並進行分析和改善，作為組織處理過程和組織績效管理的主要支持系統，資訊是連接消費

者與服務人員、員工與員工、員工與管理者的重要溝通管道，消費者需求以及期待是否被滿足，所有的訊息藉資訊管理可以促進有效溝通，多種溝通管道的設立，有效訊息可以隨時向組織相關成員傳遞，能了解每個人的想法與建議。

五、人力資源重點（human resource focus）

檢視組織如何利用激勵措施的有效管理，使組織成員能發揮潛力，並檢視成員努力目標如何與組織設定的目標達成一致（Tyssen, Wald & Spieth，2014）。工作人員相互依賴、互動的特點是指：組織所有成員彼此間的信任、團隊合作的意願、互補角色的欣賞、尊重和承認，所有這些都有助於共同目標。

影響工作績效的特質必定與工作所需職能高度相關，若企業想要找到適合的人力，該項工作必須具備什麼樣的職能，就應該作為招募人員時的評估標準，如此，求職、求才者供需平衡，產業中適才、適所，人力資源才能發會最大效益。

六、執行與流程管理（process management）

檢視主要商品生產流程和服務傳遞方式的設計，提供組織提高品質管理的效果，改善流程，透過持續控制與管理，支持學習和創新設計。管理過程中組織經營成本的控制、目標規劃設計，商品、服務設計流程應考慮消費者關鍵需求。流程設計也需要考慮商品性能、穩定性、安全性、可製造性、可維護性、合作廠商穩定供應的能力，及符合現代綠色概念的環保需求。如何確保有效運營，以便擁有安全的工作環境並提供客戶價值。有效的操作通常取決於控制操作的總體成本並維護信息系統的可靠性，安全性和網絡安全性。

當然，有效的設計還必須考慮製造商品、服務傳遞過程時間與效率，商品的創新、修正都可能影響服務流程的規劃或重新設計，產品實現率，以及不斷變化的消費者需求也是達成績效時必須考量的重點。

七、結果（results）

　　檢視組織在各個主要業務的績效表現，並對缺失做出改善，例如：消費者滿意度、市場佔有、人力資源、經營績效表現、組織管理和社會責任。就各種指標結果檢視，觀察消費者指標和商品、服務功能績效的關聯，可以發現影響品質的關鍵、了解消費者需求，並識別消費市場中的產品、服務差異化和造成差異的原因，進而找出產品、服務品質與消費者滿意度之間的關係，了解消費者需求變化。要確保有效經營，要建立適當的財務指標和指標，包括收入、預算、收益或損失、流動資金狀況、淨資產、債務槓桿、現金周轉、財務運營效率（應收、應付賬款）等。

　　檢視影響組織成員績效表現的因素，其中包含工作安全、出缺勤、離職、升遷、考績獎勵制度；人力資源的招募、訓練，訓練是否能符合其能力或工作上的需求；工作任務執行時的賦權、勞資關係處理等，檢視績效表現結果，找出影響關鍵因素，才能為所有組織成員建立良好的工作環境、組織文化，提高學習能力並激勵，讓人員長時間維持在高工狀態。

　　藉Malcolm Baldrige績效指標分析，可以找出造成組織經營環境的內部和外部的各個因素，因為每個因素都會影響組織運作的方式和決策，從上述幾個方向分析影響績效的關鍵指標，調整、修正找到組織所在環境的競爭優勢，為組織擘劃最好戰略。

第五章
服務品質管理

第一節 服務品質管理

二次世界大戰後是現代品質管理原興起的時代背景，Shewhart、Deming等從事經濟研究的統計學者，利用統計學概念，重建了戰後許多地區的經濟，讓品質管理成為生產、製造過程中的必要，品質管理漸漸成為管理研究中的顯學。目前在全世界的幾種被廣泛使用的品質管理方法，也就是在結合統計數據和品質技術控制基礎下衍生出來的。

服務品質的管理，對於是否能滿足消費者需求，並達成組織目標績效而言非常重要；也能確保商品或服務，無論是提供消費者服務，還是商品的生產製造，服務品質管理都能為其品質改善持續發揮作用。商品、服務品質價值的衡量，是透過商品的特色，和滿足使用者需求的能力來判斷，除此之外，還包括消費者期待期望和服務品質的比較。我們了解服務品質的好、壞，是由消費者判斷後得出的結果，而這個判斷過程，就必須從消費者的角度出發，而不是提供者所認為的好的服務品質。了解消費者真實的需要與期待，可以透過衡量消費者的滿意度，與組織提供服務之間的差距（Gap）來判斷，差距越大，代表要改進的地方就越多。

服務品質的衡量，依據消費者體驗後的感知判斷，很有可能與消費者預期的服務有所不同，消費經驗滿足高於期待，代表消費者滿意度高；反之，消費者經驗滿足低於期待，滿意度低。服務期待和感知服務之間的差距，可以利用DEMING（戴明）的14點和週期循環（計畫、執行、檢查和行動，也稱為PDCA循環）來檢視。

一、PDCA循環

William Edwards Deming是美國工程師、統計學家，他認為品質管

理工作程序是一個周而復始不斷循環的過程，這個循環包括了：計畫（Plan）、執行（Do）、檢核（Check）、行動（Action）四個步驟又被稱為PDCA。

1. 計畫（Plan）

第一階段的計畫首先要根據現有狀況，找出影響品質的原因，再就原因分析找出真正影響品質的問題所在，並提出改善計畫及措施，和預測改善計畫後的效果。

2. 執行（Do）

執行階段是依照目標規劃，實際、有效執行商品、服務產出過程的品質管理。

3. 檢查（Check）

這個步驟就是要對上一階段的計畫執行進行檢核，確認計畫有實際且有效的被執行，如果檢核發現任何錯誤，就必須立即修正。

4. 行動（Action）

從第一階段計畫到最後階段完成，最後的結果，對品質管理可能是成功、有效的，也可能是錯誤、失敗的。如果有效，可以將這這個過程標準化，有助於未來的產出品質的穩定；反之對失敗未解的問題，在下一個步驟循環，再次以相同的步驟執行模式操作，最後找出問題解決的有效方法。

Deming（戴明）認為透過管理提高服務品質，組織、企業將可減少許多費用支出，同時提高生產率和市場佔有率。許多日本知名企業在應用後獲得改善，提升績效、成本降低，商品品質更超越全球其他競爭對手；日本製造生產的商品，在那時期成為品質優良的代名詞，為此美國和歐洲也開始意識到日本商品在市場上造成的威脅，也開始重視商品、服務品質管理的重要。

二、DEMING（戴明）14點

DEMING14點的提出讓許多與商品、服務相關產業的經營者，對原

有品質的觀念與認知產生變化；DEMING 14點也許沒有提出明確改善的方式，卻建立了品質管理的相關概念，了解服務流程中需要改善的方向，能逐漸地提高服務品質，滿足消費者需求。整體而言，組織可以藉DEMING 14點的引導建立品管理的概念，從消費者意識崛起思考，如何促進組織對於品質的進步與改善進而減少服務差距（Service Gap）。

　　DEMING 14點全面品質管理的概念，在品質和速度之間找到正確的平衡，認為品質概念是有效管理和領導觀念的核心。

1. 創造商品、服務品質的持續性與穩定性（Constancy of purpose）

　　創造持續改善的目標，以及長期的品質管理計畫，不僅是把同樣的事情做得更好，還要做好其他有助於品質改善的工作，並預測和準備未來的挑戰，設定讓品質變得更好的目標。

2. 採用新的觀念（The new philosophy）

　　組織的管理階層要有學習新觀念、新方法的認知，面對的是新的消費經濟時代，面對新的挑戰，不但要承擔責任，還必須學習新變革後的領導統御能力。

3. 消除對檢查的依賴（Cease dependence on inspection）

　　從開始便建立控制、監督系統，改變依賴檢查達到品質標準的模式。生產過程依賴檢查，支出檢查成本費用較高，可能發現品質不符合標準，但並不會因此全面提高產品品質；若從開始到結束都將品質概念，和實際提高品質的做法，建置在生產過程中，就能有效全面提升商品、服務的品質。

4. 改變以低價競爭的經營策略（End lowest tender contracts）

　　產品製造提供所需原料的供應商，對組織而言，不只是原料來源的供應者，應該將其視為，組織管理品質的共同合作夥伴，鼓勵供應商也能提高自己的品質。標準化、一致性是維持品質的要件，生產過程中輸入的項目改變越少，輸出的結果就越穩定；利用品質成本的統計分析，原料供應商也必須符合品質標準，使商品、服務品質能達到消費者需求，作為長期市場佔有經營目標，而不以低價獲取短暫競爭優勢。

5. 持續改善問題（Improve every process）

根據Plan、Do、Check、Action（PDCA）循環模式，對所有問題持續不斷的進行分析和改善，藉著尋找、發現問題的過程，可以改進生產過程的管理系統，提高商品、服務的品質，降低成本，進而增加收益；持續改進所有商品、服務的生產系統和流程，也能因此減少成本費用、提高生產效率和安全性。

6. 工作職能訓練的相關研究（Institute training on the job）

加強組織成員的工作訓練，和持續學習維持進步的專業知識，讓所有成員都能更有效率達成工作績效；但是要提高生產績效目標，必須使組織成員對工作有參與感、對任務有責任感並對工作有成就感。不僅僅對於組織成員的專業、技能知識，要持續提供訓練、強化，對於影響組織與成員建立信任與忠誠的因素，也必須了解與研究，才能為組織找到最適當的留用人力資產。

7. 領導統御能力（Institute leadership of people）

新的管理領導統御能力的研究，為因應新的消費市場，協助組織成員具備更好的專業能，使工作更有效率，就是領導者必須具備的能力。管理者的領導統御能力對組織管理很重要，新的消費型態的改變，新的管理模式也要隨著變化進步，所以參與式的管理和轉型領導，在此刻就更顯重要。管理者要有辦法激勵組織成員，發揮潛在的創造力或是有利組織發展的其他能力。管理者要了解組織所有成員，每個人的工作職掌，要完成什麼工作任務，要如何做才能把工作做到最好；了解組織成員工作任務的流程，提供每個人必要的資源，而不該像以往只專注於監督組織成員工作完成績效。

8. 消除恐懼（Drive out fear）

提高組織所有成員工作效率，消除人員工作上可能發生的威脅造成恐懼；管理者與組織成員開放、誠實的溝通，可以減少組織成員對工作環境的恐懼。要確保組織成員不會因為表達想法或建議時，有可能被惡意對待、標籤化產生的恐懼；必須讓所有成員了解，當錯誤發生時，不是一味

咎責問罰，最好的方式就是解決問題，爲的是鼓勵成員做更多正確的事，爲維持商品、服務品質，盡最大的努力。

9. 打破部門之間的障礙（Break down barriers）

打破組織各單位本位主義產生的合作障礙，讓組織類所有單位的成員，都能爲相同的目標團結、努力；有效建構內部聯結，才能打破部門之間的藩籬，組織內的每個部門、單位，都必須要爲了完成組織的共同目標而努力，每一個部門或單位可能各自獨立，但都缺一不可。部門間若因爲爭取績效表現，彼此相互掣肘，對整個組織進步發展沒有幫助；跨部門建立共同的目標與願景，了解工作上可能的矛盾與衝突，並減少本位主義造成的對立，部門間相互合作，協調衝突、矛盾後的共識，而不是無奈的妥協。

10. 消除訊息不明的口號（Eliminate slogan）

避免不明確的口號，口號的用意是表達明確的概念，組織經營爲了凝聚組織內所有成員的向心力，或是促進新的概念形成，設計相關的工作口號，不斷的複誦口號內容，可以促成觀念的建立，觀念建立後就能改變行爲。但前提是這些口號必須是實際狀況，要求組織成員達到一定的績效，提供滿足他們所需的和理條件，可能會比預期要求更快達成；同時，建立激發組織成員的口號或目標時，避免專注於數量的計算，品質提升後的績效達成才是重點。

11. 目標設定符合現實狀況（Eliminate arbitrary numerical targets）

避免設定無法達成的目標，建立組織有效管理，設定組織共同目標，而目標設定必須經過有效數據評估，不只是將無法達成的數字高掛圖表上，在合理的範圍下訂定，目標的設定才具有意義。訂定可達成的目標，是根據整個生產進行的過程進行客觀評估，而不只是隨意設定一個數字，要求所有成員的績效表現，一定要達成這個數字。Deming認爲不適當的生產目標，最後的結果可能提高了產量卻缺犧牲了品質；要在可實現的範圍訂定目標，提供組織成員可用資源，才能在創造績效的同時兼顧品質。

12. 人員績效激勵方案（Permit pride of workmanship）

從管理者的角度而言，為提升組織成員的績效表現，目標績效管理是一種好方法，但Deming認為在很多情況下，對目標績效過於強調，可能因此忽略品質的維持，組織適當的獎勵方案會是一個輔助的方法。組織管理者對待所有成員態度的一致，不會因為成員績效表現的不同，而有明顯差異或有特殊對待，但也要避免因為組織的獎勵方案或制度，讓組織成員彼此間因為對獎金或利益而過度競逐。

13. 鼓勵自我訓練與不斷學習（Institute education）

為因應未來的變化和挑戰，提高組織成員專業知識，並鼓勵學習新的技能，讓成員更適應未來的變化；建立有制度的專業職能訓練、在職訓練，鼓勵組織成員不斷學習，提升作品質與效率。從Deming品質管理的概念應用於服務產業，服務人員工作服務的對象是人，人的行為、情緒、態度難辨，更難以製作標準或量化統計分類，故建立服務員的職能模式並不容易。因此，了解服務人員職能之必須，使觀光、飯店服務業者對於服務組員選、訓、留、用，可發展出明確可辨識的標準，找到適才、適任者，降低人力流失率與減少人力成本的浪費。

14. 管理執行與行動（Top management commitment and action）

管理最重要的目的就是任務的執行與完成，管理的過程就是要組織中的每一 份子，都能真正參與，並使組織成員在執行任務時，都朝著改善品質的角度思考，從而改善整個組織及全面提升或改善品質。鼓勵朝品質改善的方向持續進步是唯一的目標，但這樣的目標需要時間，Deming的14點或其他概念能為組織在品質改善的過程中發揮潛移默化的作用。

三、全面品質管理應用於服務

我們所說的服務業範圍非常廣泛，幾乎包含了與所有人類相關活動，如餐飲、旅遊、飯店、運輸、教育、衛生、資訊、銀行等等。由於服務的可變性或異質性特徵使然，對服務進行分類並不是件單純、容易的事。以往所關注的服務品質大多數應用在製造業，現在全球的服務業人口佔比達

六成以上，提供商品、服務的組織、企業，都在服務部門實行全面品質管理，爲的是追求服務品質的改善。而相關服務品質提升、改善的問題包括追求服務品質、制定服務人員行爲標準規範、著重消費者需求關注、服務人員與消費者之間的互動。

因爲消費者意識覺醒，服務業對於服務品質要求，和消費者服務越來越重視，加上市場競爭的推波助瀾，服務品質標準不斷提高，消費者對於的服務品質的在乎，當然更促使他們對服務品質有更多的期待。（Leonard & Sasser，1982）。想要提高服務品質，必須要能夠定義品質與測量，消費者對服務品質的看法，是根據他們對服務的實際體驗後，與他們既定期待之間判斷後的差距。消費者在決定品質時有幾個重要因素，這些因素大多與感知判斷有關，感知是抽象、無形且無法量化，要衡量服務品質的標準，必須有可利用的測量工具。服務品質的感知，與消費者對影響服務品質感知之間的關係，可用衡量服務品質的量表SERVQUAL定義服務品質的特質，如有形性、可靠性、回應性、承諾和同理心來界定的服務操作手法與技巧（互動、應對、態度、反應、禮貌）以便對樣本進行分類，並且評估這些屬性對品質感知的影響。例如：

1. 當消費者上門，有沒有主動問聲好？
2. 對顧客問候時，有沒有注視著對方？
3. 問候、招呼時是否帶著微笑？
4. 顧客想要購買得商品缺貨，會不會主動協助找出最快到貨的方法？

上述問題涉及消費者對服務品質的認知判斷，以及在制定服務品質調查問卷時，作爲提供組織改進參考的依據。要了解消費者對服務品質的看法，以消費者爲導向，可以更快了解消費者的需求，日益複雜的行銷手法，讓一些十年前幾乎不可能實現的服務方式，都出現在當今的消費市場；服務業複製性高，所以在競爭激烈的環境，服務提供者的優質服務，是超越競爭對手獲得優勢的關鍵因素，品質已成爲爭奪市場佔有率的主要戰略（leonard & sasser，1982）。

四、人力資源管理

Deming管理模式中（Service Quality Management），與人力資源管理相關的領導能力、組織文化和員工承諾，在服務品質的管理是非常重要的（Douglas & Freendendall，2004）。

1. 領導能力（Visionary Leadership）

服務容易被複製，所以服務業的競爭相較其他產業更為激烈，服務品質管理的領域，是一個複雜的互動系統，需要管理者和組織所有成員，在自己的位置上扮演適當的角色（Gapp，2002），各個組成分子間的互動應密不可分（Mcnary，1999）。管理者應該了解消費者的需要與期待，從這個角度不斷思考來設計與提升服務品質相關的活動，領導能力是管理者必要的職能，組織需要一個有遠見，並清楚地了解服品質和文化價值的管理者；出色的的領導管理能力，可以對組織產生正向作用，管理者的領導能力與組織文化及獲得員工承諾有密不可分的關係（Kanter，1983）。領導能力不佳的管理者，無法為組織做有效的整體規劃，迅速回應新的變化，各單位、部門便無法合作而發展組內部的組織文化。

2. 組織文化（Organizational Cultures）

文化是一種一種現象，可以對現有概念產生轉變，組織文化是指一個組織中所有成員的共同價值觀和信仰；組織文化會對組織產生穩定的作用，組織文化的建立也是實施品質管理的首要步驟，組織文化更能成為戰略目標（Maull，2001）。若組織的目標是要提供最經濟、最有用、而且總是令消費者滿意的商品或服務，就必須持續對品質控制、管理；為了達成目標，組織內所有成員都必須共同參與、執行，組職文化強調的價值，就會漸漸成為所有成員的共同信仰，並成為產業中影響競爭力的優勢。航空業最注重的應該是飛航安全，飛航安全對於航空業就是非常重要的價值與信仰；但這樣的安全文化，常常並沒有普遍、確實地被執行，從許多飛航安全事故的統計，頻繁出現事故的航空公司，都是因為組織中重要的安全文化沒有被深植。注重並落實飛航安全的航空公司，往往在世界最安全

航空公司的排名中表現的就相對突出；搭乘飛機首要選擇就是安全，安全文化落實並深植，就是航空公司在市場競爭的最大優勢。

3. 員工承諾（Employee Commitment）

員工是組織的基礎，組織要維繫良好的服務品質，員工對組織承諾與、否，就能直接影響服務品質的好、壞；組織可以藉著與成員間有效的溝通、培養訓練和提供未來發展，與各種員工的激勵方案獲得員工承諾。服務品質是來自於消費者對商品、服務的滿意度，組織要維持內部人員高工品質，就必須要了解組織成員對工作滿意度為何？因為員工對工作的滿意與消費者對服務品質的滿意之間有著高度正相關（Cook & Verma，2002）。組織必須將人力資源管理視為競爭優勢的來源，最終決定品質感知的是服務提供者和消費者之間的互動（Sureshchandar，2001）。服務品質決定消費者的滿意度，第一線提供服務的組織成員，消費者通常將第一線員工視為服務品質的一部份；當管理者將第一線服務人員視為珍貴的人力資源，組織成員就會相對的發展出工作成就感、組織認同感與忠誠度，就會為實現組織目標盡最大努力。

4. 賦權（Empower）

海底撈是一知名上市連鎖企業，負責人曾說道：「需求不同要感動客人的方式就不同，讓顧客滿意，同樣要讓員工滿意。」多數的老闆將管理視為工具，而聰明的老闆認為管理是藝術，不一樣的顏色、構圖與風格就成就一幅幅不同的畫作。制度如果無法讓人感到幸福或有成就感，制度將無法持續（王石），信任與授權讓人覺得有成就感，在海底撈每一個基層員工都是管理者，這是此企業的核心競爭力，很難被複製，這個核心價值來自於對人的尊重。許多服務業經理如是看待海底撈對於人員管理的成功秘訣：在工作上信任員工，每一位現場工作的員工都被授權，針對客人需求能有一定資源解決問題，這個授權對許多餐飲、服務業者而言，不是創新但的確大膽。另外在生活上對員工的照顧，不但照顧員工也愛屋及烏的照顧員工家人，這樣的照顧會讓員工無後顧之憂，即使工時長、工作累，也仍然留得住大部分的員工為他效力。我相信他用人、帶人獨到之處，

並非他真的全然以「善」來管理海底撈，而是他了解人性，且敢於挑戰人性。試問有幾個老闆敢像他一樣了解人性小惡「貪小便宜」，卻讓每一位現場工作人員都被充分授權？又有幾個老闆嘴上說照顧員工能像他一樣執行貫徹的？不多？很少？沒有？這種洞悉人性的管理哲學並敢於挑戰，其結果就是贏得員工的向心力為其賣力工作。

根據哈佛商學業的研究，減少消費者的流失，可以增加25%以上的收益，而開發一個新客戶的成本，可能要超過留住一個原有消費者成本的5倍之多，而現有顧客的投資報酬率，也是開發潛在客戶的7倍；這也是為什麼大多數的服務業，都有會員制度的推廣，無非就是要留住忠實顧客，維持並創造更多的收益。服務業最關注的莫過於自家服務的品質，在以消費者為導向的競爭市場中，組織提供的優質、獨特的服務，就可能在這競爭激烈的市場中取得優勢，增加市場佔有率，更包含了許多正面效果。如：

1. 提升企業形象。
2. 增加員工士氣，提高工作績效。
3. 提升工作成就感，降低流動率、離職率。
4. 降低價格敏感度，增加利潤。
5. 提高消費者滿意度即回購率。
6. 提升消費者忠誠度。

五、維持服務品質的要素

服務品質的維持，對組織或所有成員而言，它是一個動態、長時間的作戰，要長時間的維持商品、服務品質，勢必要有因應的長期計畫和方法，才能讓組織與成員長時間保持戰力，讓品質維持不墜。

1. 員工激勵方案措施

服務品質與滿意度要求的達成，有賴於訓練有術的服務人員，人員除了要具備能力，也必須要有服務消費者的熱誠；要維持人員的能力及服務熱誠，組織必須提供維持上述能力、熱誠的激勵措施，給予實質的表揚及

獎勵。組織對於成員的照顧要像對待消費者一樣，滿足需求，對未來有期待，員工對於工作才會有熱誠，對組織忠誠，當然願意與組織共同努力，達成共榮目標。但我們常常看到許多勞資糾紛的例子，大多肇因於處理勞資關係處理不佳，長期的勞資雙方對立，絕對會對組織造成負面影響。

2. 人員的積極參與

人員能力訓練達到實際可用人力後，並不代表實際作業後，能達到原有預期的表現，會因為工作態度是否積極？是否完全參與？都會影響工作表現，所以人力資源管理中攸關品質改善的工作，都必須仰賴人員的積極參與，才會有正面、積極的效果。

3. 人員訓練

服務人員的培訓和在職訓練，可以讓新進人員學習專業，也能讓在職人員不斷學習與專業相關的新觀念與知識，有助服務品質的提升。

4. 建立溝通管道

服務人員是接觸消費者的第一線，消費者滿意度反應的訊息，多半是第一線服務人員即時接收，這些訊息的向上反映，需要有一條暢通無礙的管道，即時訊息的接收、反映與溝通，提供組織作為改進、修正的依據。

5. 目標設定

管理者根據市場及消費者需求分析，持續對服務品質設定改善目標，而組織裡的各個單位、每一個人，都要確實執行任務，共同完成目標。

6. 評估與修正

對於每一個步驟的執行，做有效的評估，依據評估後的結果修正。像是人員考核的評估，評估過程要客觀、公正，當評估結果優於標準，就必須啟動激勵方案；若評估結果低於標準，就必須立即修正，給予職能加強再訓練。

7. 結果與目標控制

所有任務的執行，集合所有資源，聯結每一個步驟，確保整個組織系統運作順利；讓改善品質計畫或相關活動，在執行的過程受到管理和控制，在發生偏差時能即時給予修正，使最後的結果能與目標達成一致。

8. 品質維持

品質維持是持續不間斷的過程，必須依照上述所有維持品質的步驟，依序、反覆不斷運作，服務品質才能在被有效維持。

六、服務人員的專業能力（Competence）

1. 禮貌（Courtesy）

禮貌常常是消費者判斷服務人員的第一印象，和服務專業基本要求，服務方面的專業職能能力不夠，無法達成公司要求的服務SOP及品質禮貌不佳，都是服務業客訴的前幾大因素。大多數強調服務品質的企業或組織，除了訓練服務人員能達到要求外，人員個人具備的熱誠、親切、樂於助人的特質，也是服務業提升服務品質的一項利器，服務人員提供的服務的品質，往往被企業視爲極重要的品牌形象。鼎泰豐對服務人員的要求，只要是有前去消費經驗過的人都有體會，禮貌的態度、親切的服務，都會讓消費者覺得受到尊重。

2. 同理心（Understanding）

醫療從業人員都被教育要視病如親，意思是提醒醫護人員在照護病者時，要像照顧自己的親人一般的無微不至，也就是我們普遍認知的同理心；不論提供服務的對象是誰，一切以同理心出發，消費者的需求就是我的需求，如此，服務設計思考和執行的過程，就會更貼近消費者的眞實需要與期待。

3. 回應（Responsiveness）

服務聚焦在消費者身上時，其最終目的就是要滿足消費者的需要，所以當消費過程中發生問題，除了要有回應，也必須要縮短回應的時間；也就是處理過程，和消費者等待解決問題的時間不能太長，避免造成二次抱怨。

4. 溝通（Communication）

溝通媒介就是「語言」，但溝通的方式、用語、表情，都是影響溝通結果好壞的原因。同樣一句話，不同的語氣加上不同的表情，就會有截然

不同的效果。一大早的班機，客艙組員站在登機門迎接搭機乘客，「歡迎登機！」說著這幾個字時不帶情緒且面無表情，任誰也不覺得組員打從心裡歡迎你吧！但如果帶著甜甜的笑容，語氣輕快有朝氣，此時有著起床氣的乘客看到這樣的你也會不覺嘴角微微上揚，這就是溝通表達能力的力量。口語溝通表達是一種能力也是一種習慣，修正、改變需要花費較長時間的練習，若是表達能力不佳或口語習慣不好，但與乘客面對接觸時，很難保證不會因為素日的習慣用語，可能脫口而出產生誤會造成客訴。

5. 可靠性（Reliability）

服務品質的期待值高於感知會降低費者滿意度，反之則否。消費者滿意來自於實際體驗服務後，他們的感知超越期待，消費者滿意度持續維持，代表著組織所提供的商品、服務的品質是可靠的、穩定性高。服務人員良好的專業能力，就是服務在傳遞過程中維持品質穩定、可靠的展現。

七、工作職能建立

美國的心理學家大衛‧麥克利蘭（David McClelland, 1989）從動機理論發展提出職能模型，認為動機能直接引導個體連接需求，而這樣的需求不分年齡、性別、種族或文化。Spencer & Spencer（1993）則提出職能冰山模型，模型當中區分知識、技能、動機、個人特質、自我感知五個元素，這五個元素分屬可見能力與不可見能力。其中的動機、個人特質、自我感知就是潛於水面下不可見的能力，動機能影響行為，一旦動機產生就能改變行為；個人特質則是個體對事物、接收訊息後反應的心理狀態，這樣的狀態恆常維持一慣；個人感知乃個體的內在價值、態度和自省能力。這些特點雖隱不可見，但卻是真正影響工作能力與績效表的重要因素（Gangani, McLean, & Braden, 2006）。如前述，冰山的型態是一部份浮於水面，另一部分沉於水中，且沉於水中者佔冰山面劑的絕大部分。職能模型如同冰山型態的概念，將個體職能特性比喻如冰山型態般，浮於水面上的包含基本知識、基本技能，屬於個體的外在表現，可以被覺察，也容易因為學習或外部環境變動而改變；沉於水下者有自我形象、社會角色、

個人特質與動機，這些隱於水面下是不容易被測量，多半屬於個體天生擁有的特質，這些特質不容易因為外在的學習或環境的影響而發生改變，但是這些隱於水下者卻能對個體的表現有著關鍵影響。其他行為組合如態度、性格、思維方式、自我形象、組織配合等，隱藏於表面以下。（如圖5-1）

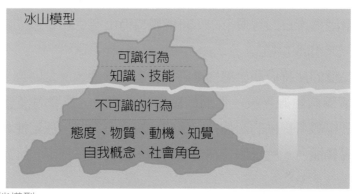

冰山模型

可識行為
知識、技能

不可識的行為

態度、物質、動機、知覺
自我概念、社會角色

圖5-1　職能模型

任何一個具有競爭優勢的企業或公司，本身對內部人員職能分析具備一定能力，使用有效的工具分析，找出工作與訓練需求的相關方法，使人力資源達到最好的效益（Martyn, 1999）；執行職能分析是希望從高績效表現者身上，找出個體之所以達成高績效表現的職能因素（Spencer & Spencer, 1993）。旨在減少降低績效表現、提升績效表現高的因素，讓整體績效維持高效率與高成長；並要從這些工作中績效表現較高者身上找出令其有高績效產出的原因，將這些高績效表現者的共同特質加以類化分析後並建立模式。各個不同產業因其行業別與專業需求的不同，所建立的職能模式當然也會有差別，但當一個合適的職能模式建構後被實際應用，必定能提升組織的績效表現與產能。

另就冰山模型與職能之間的關係進行分析聯結，職能是指個體具備的潛在基本特質（underlying characteristic），包含了：

1. 知識（Knowledge）

係個體在工作領域中從教育學習到經驗應具備的內容知識與訊息，或個人在某一特定領域擁有的事實與經驗訊息，除工作中所具備的相應知識外，還必須要經過學習來獲取這些訊息的能力，也是學習、理解結果的表現（Nonaka, 1994）。知識被認為是真實、正確的觀察力和生活經驗的驗證過程，知識能幫助人們思考、溝通、決策（Davonport et al., 1998），其內涵包括了知識所具備的觀點、信仰、事實、方法論等，具實用性與概念性。知識就是人類對所取得資訊的一種邏輯推理與判斷，能幫助人類解決生活中問題，提升學習效能和面對工作中的決策判斷，是抽象的思考與實際生活經驗的結合（Wiig, 1999），也是對訊息及其相關事務的理解（Bierly et al., 2000）。綜上，知識就是經由學習或從生活中所得到的資訊、技術、經驗，而這些資訊、技術及經驗，能幫助個體處理周遭事物或是解決問題。另外，知識源自於需要，訊息經過處理、內化後，儲存在大腦中隨時可用。擁有的知識可藉由文字、語言與人分享或傳遞，可視為或顯性知識（Explicit Knowledge）；但若無法形之於文字或是無法言傳者，就是隱性知識（Tacit Knowledge）。以消費者為導向的服務業中許多有關的知識，就屬於隱性知識中不易言傳，需經驗、體會才能真正掌握的知識。

2. 技能（Skill）

指結構化地運用知識並完成某項具體工作的能力，讓工作順利完成。亦即對某一特定領域所需技術與知識的掌握情況，有效的執行某種身體或心理任務的能力。有能力完成一個工作或任務，可以經由不斷訓練、修正能獲得更好結果的能力（Newell & Rosenbloom, 1981），每一個人都可以經過學習而獲得的，也是將知識應用於工作或將知識付諸實踐的能力。技能必須經過一段時間的學習並不斷練習熟練的過程，獲得該項技能便可運用在相應的工作或任務中，且能有效完成或改善其所執行的任務。

3. 社會角色（Social-Role s）

指個體在社會或組中扮演的角色，在各種社會角色基本上都是同一

個人（個體本身），但從其他人的角度、觀點卻有不同的認知（Donahue, Robins, Roberts & John, 1993）；也就是個人在社會或組織裡所處地位及扮演的角色中，表現出的功能及其特有的行為模式。例如；醫生的天職就是醫病救人、誨人不倦是老師的職志、警察的任務就是打擊犯罪，就是社會賦予各種角色的認知。

4. 自我概念（Self-Concept）

自我概念是指一個人自我存在的體驗，透過自省、經驗和回饋了解自己。例如自信心，以及人們如何看待自己的一種價值觀；也是一種自我認知、價值觀的組合（Stryker & Serpe, 1994），而這樣的自我認知通常會與社會價值、社會認同相互結合（Shamir, House & Arthur, 1993），在社會、組織結構中，較高的自我定位、自我激勵與動機，依據特定情境執行該定位的機率越高（Gecas, 1982）。

5. 特質（Traits）

指個體習慣及持久的特性，也是個體天生具有的，例如靈活性、自律性、積極主動等；也是指心理、生理對情境或訊息的一致反應，如個性。原意從拉丁語繪圖、草圖而來，形容畫筆筆尖下的筆觸，心理學引申其心理或性格上的特徵。心理學家認為個體行為是否具備某種特質，可由兩種方式來判斷，一是時間、二是情境（Sternberg, 2000）。從時間來看，個體的行為或表現的態度會不會因為時間變化而改變，或是隨著時間不同仍保持一致性。以情境而言，則是觀察個體在情境變化時的行為，行為表現是否隨著情境改變，亦或者仍維持不變的一致性。所以個體的行為和態度，對不同情境、不同時間的表現都維持一致性，就能根據個體行為表現判斷其具有何種特質。

6. 動機（Motives）

一個人心中想望的事物或念頭，以及導致行動的想法，是個體心之所向引起意念的動機，及心中對事物產生的慾望，也就是個體對所有事物起心動念的狀態，以及在一個特定領域中自然而持續的想法和偏好（如影響力、成就感、榮譽心），進而引導和決定一個人的外在行為。猶言發動其

服務品質與管理

機倪也，機者：「群有之始，動之所宗」。動機就是「引起個體活動，維持已經引起的活動，並導引該活動朝向某一目標前進的內在歷程」（張春興，1999）。而動機可分為內在動機、外在動機兩種，內在動機是因為個體自發的意念驅使引起一連串的行為與活動；外在動機是個體受外在環境刺激，引發個體採取行動的所產生的意念（Ryan & Deci , 2000）。

7. 態度（Attitude）

整合認知、情感反應的評價與判斷（Petty, Wegener, & Fabrigar, 1997）；一般可見的態度就是形於外的表情、動作、口語表達等，能讓人清楚了解的狀態。但心理學對態度的定義是一種不形之於外，係由個體對情感、價值經知覺判斷後，所形成內在對事物的認知狀態。

8. 知覺（Perception）

透過感覺器官看到、聽到、聞到、摸到，進而意識到所感覺事物的能力。經過五感所接收到的訊息，感知周遭的環境人、事、物的物理及心理現象。知覺是人與周遭事物接觸的主要形式，而所有的知識、概念就是透過這樣的方式獲得（Efron, 1969）。

上述的知識與技能，大部分與工作所要求的個人資質相關，能夠在短時間內使用適度的方法來進行測量，如審查相關職能證書、履歷或以筆試、口試等具體形式來測量，也可以通過培育、訓練等辦法來提高這些資質。其他各項層面，往往較難準確表述和度量，並且較少與工作內容有直接關聯性。只有個體與團體互動發生，對工作的影響才會顯現出來。要觀察這些人格特質及表現，每位管理者都有自己獨特的思維方式，也因為主觀偏好而產生了限制。此外，心理學及管理學界有一些現成的測量工具，但往往複雜且不易使用，或是結果不盡精確。

八、招募適職人員

服務人員服務的對象是人，而人畢竟不像物品，每個人都可能來自不同文化、不同的性別、不同的年齡層、不同的個性等等……，都會產生不同的需求，而服務人員面對這些變數，那所提供的服務，就很難像操作其

他相關的裝備而將它標準化。也就是說，服務人員必須具備的職能，不僅僅是技術這一類的能力，還必須要具備以下幾種進入服務業的正確認知：

1. 理想與現實的平衡

夢想多半充滿想望，與現實狀況多少會有些距離，這樣的距離就是因為些許的不了解而產生，理想則是在實際與夢想間達成平衡的一種最佳狀態。進入所有行業前，應該清楚工作的性質和內容，和這個職業帶來的附加價值，及價值背後應具備的工作能力與責任、義務的關係；如此，才能減少因為不了解產生的衝擊，降低長時間工作處於負面情緒狀態，才能在工作中找到成就感及價值。服務職能所要求的SOP和水準，皆依據實際線上需求設計訓練課程，藉服務訓練課程加強人員的服務職能。服務方面的專業職能能力不足，服務品質不佳常招致客訴，也就無法達成公司要求的服務SOP及品質。

2. 流利與親切的口語表達能力

語言是重要的溝通橋樑，所有面對人的服務都必須仰賴語言或文字作為溝通的橋樑；書面溝通，駕馭文字實屬基本，面對面口說，口語表達的溝通技巧是必備能力。許多提供優質服務的公司，為維持公司的服務品質，多注重前來面試者的口語表達能力，溝通媒介就是「語言」，但溝通的方式、用語、表情，都是影響溝通結果好壞的原因，同樣一句話，不同的語氣加上不同的表情，就會有截然不同的效果。

3. 不可或缺的核心能力

組織管理或經營者，除了訓練人員能達到要求外，個人具備的熱誠、親切、樂於助人的特質，也是公司、企業提升服務品質的一項利器。尤其是第一線的服務人員所提供的服務，往往被企業視為極重要的品牌形象。從事服務相關行業人員必需對自己的工作內容有興趣，甚至熱愛他的工作，還有敬業的工作態度，有了興趣且熱愛工作加上敬業態度，就會有較正面的工作情緒和較高的工作士氣。另外，除了一般所認知的口語表達能力、服務熱誠和健康的身體之外，與公司其他同仁和顧客之間的溝通能力也很重要，尤其是在非正常狀況之下，良好的溝通不但可以減少誤會產

生，也可以讓問題有效、順利地解決。這些實際工作的必要條件，都與服務人員核心職能所重視的「沉著的人格特質」、「成就動機」、「人際關係溝通能力」、「解決問題的能力」、「團隊精神」、「資源管理能力」息息相關。

人員招募計畫是管理者就組織需求所做的人力資源規劃，有計畫地招募需要的人數、職能相符的人力，使人力資源能被適時、適當、適才、適所有效的被運用。這樣的規劃應該包含兩個要素：

1. 有效評估短期、中期的人力資源需求

做好未來人力資源規劃，不僅能因應當前組織的人力需求，也是預測未來人力需求人力的指標；有效評估可以避免淡季時的人力閒置及旺季時的人力短缺。

2. 訂定穩定、有效的人力資源招募辦法或規則

依據工作種類條列該工作項目應符合的一般職能（General Competency），一般職能是指各個行業所有職務的人員，必須具有執行該項職務的基本能力的組合，也就是從事該項工作或職務必備的基本能力，這些基本能力就是該項工作的一般知識與技巧（Blackar, Janickova & Filipová, 2014）。例如工作名稱、教育程度、語言能力、專業能力、工作經驗等，而這些人力資訊檔案，必須定時更新、維護，便於日後統計分析；而這些統計分析的數據，也是未來新的人力資源需求規劃最好的依據。清楚描述招募需求如工作性質（櫃臺、房務、總務、會計……）、工作內容（做什麼、如何做）、工作時間（正常、輪值、加班）等。另外，還要製作完整的工作規範，因為工作規範的功能可以讓求職者，清楚了解該項工作須知及任務的相關描述，並有助管理者較能明確、客觀的判定面試者是否具有符合該項工作的條件及能力，避免過多主觀影響判斷。

九、管理職能

管理有幾個基本功能，即規劃、組織、驅動和控制，亨利‧法約（Henry Fayol）認為，管理包含預測、計畫、組織、指揮和控制。

Luther Gullick則認為管理有計畫（Planning）、組織（Organizing）、人員配置（Staffing）、指導（Directing）、協調（Coordination）、報告（Reporting）、預算（Budgeting）等，並且將這些功能的每個單字，第一個字母結合為POSDCORB。管理者在組織裡，必須具備管理組織並完成組織任務的基本功能：

1. 計畫（Planning）

　　計畫首重制定目標和相關活動的設計，計畫的最終目的是要達成任務，為能有效達成任務，事前就必須要有完整的規劃；事前計畫內容必須包含：要做什麼（What to do）？如何做（How to do）？什麼時候完成（When is to be done）？其中還包括了目標的確認、如何執行？及當無法順利執行任務時，任何可替代方案的規劃等。預先設定目標，根據目標規劃做法，以及與任務相關活動的安排，依據要做什麼？如何做？何時完成？的設定規劃決定應該做什麼？應該怎麼做？應該誰來做？該如何完成？讓計畫能完整且清楚被描述、順利執行。

2. 組織（Organising）

　　管理的組織功能主要是將任務的相關活動，依照功能劃分為執行單位或是部門，並確定單位或部門中的每個成員，雖然在不同的位置上負擔不同職責和任務，都能在組織管理功能下進行溝通協調與合作後，共同達成最後的目標。當完整的計畫設定後，管理者便要著手進行相關活動的組織，有效利用、整合內部資源分配，確立各個職能單位的權責劃分，單位與單位間的合作、配合，確保所有任務執行的相關單位能順利和有效的實現目標。

3. 人員配置（Staffing）

　　人員配置的管理包括人員的招募、職能訓練和培育，以及人員的績效表現考核。人員配置指的是計畫執行時所需人力的安排，進行各種任務的相關活動，必須要有人力執行；人員配置的安排除了要規劃適當的人力，也必須要將合適的人力放在適當的位置，才能真正提升任務執行的效率。

4. 指揮（Directing）

管理的指揮功能，包括管理者對組織成員任務方向的指揮、工作表現的監督、組織成員間有效溝通、對於績效表現優良者也要提供相應的激勵政策。一個優秀的管理者也應該是好的領導者，能夠隨時關心組織每個成員的表現，彼此建立溝通訊息的管道，藉著暢通訊息的交換達成共識，並且建立互信；在組織中不同單位、不同成員的溝通協調中，展現管理者應有的領導統御能力，若成員執行任務遇到困難時能立即提供協助，了解成員的需求並鼓勵主動和啓發創造力，當有好的績效表現時，也要有實質鼓勵的獎勵作為。

5. 控制（Controlling）

管理的控制功能是爲了確保所有的任務執行都能按照計畫進行，所採取的控制措施。如何控制任務執行的績效？除了要建立標準績效外，還必須有實際績效與標準績效的衡量與設定；當實際獎況與計畫標準發生差異，就必須即時修正避免錯誤產生，讓控制功能有效發揮最終達成目標。

6. 協調（Coordinating）

管理的協調功能，就是要將組織中任務相關單位有效結合，讓組織成員了解達成標必須和其他人共同合作，使團體組織中的每一個單位或成員，都能一起努力以實現共同目標。管理者必須確保所有任務執行的相關活動，都有助於組織目標的完成，也有賴管理者對任務相關單位活動整合、協調組織人員同步努力的能力。組織中的不同單位或部門的管理者，不應該有太強的本位主義，對組織而言，組織下的每一個單位雖職能各有不同，但每一個單位有相同的重要性，若部門與部門之間因本位主義造成敵對，便會使得原本應該合作的關係變成對立、競爭。

十、服務品質管理（Service Quality Management）

服務品質管理是依據消費者對商品或服務的期待，管理商品、服務的品質至符合消費者期待的過程；也就是要評估服務品質的好、壞，作爲提升品質的依據，找出問題、即時修正，以增加消費者的滿意度。服務品質

管理就是為滿足消費者對服務品質監督、維護的防線。服務比實體商品品質的管理要困難許多，實體商品在送達消費者手裡之前，產品的品質可以被預先控制達到一定的標準；服務無形、無法被儲存，所以無法在被使用前，針對服務傳遞過程進行評估及測試，消費者對品質的滿意與否，就更需要在消費者使用服務前獲得控制必加以管理。

要管理服務品質，必須對事前所有可能影響服務品質的因素，加以控制，到餐廳用餐，服務人員從廚房端出客人點的水煮牛，香噴噴、熱呼呼的端上桌，客人吃得舒服又開心，一切看來在自然不過的事，卻也包含了服務品質的控制與管理；如果服務人員將水煮牛送到隔壁桌？如果上菜過程服務人員不小心滑了手？如果水煮牛裡多了一隻蟑螂腿？這些不預期卻大大影響消費者對品質的滿意度，服務品質的控制與管理就更顯重要了。

管理者為了要達成消費者滿意及維持服務品質的目標，管理過程必須不斷減少浪費並提高公司每項活動的效率，包括採購，製造，運輸，銷售，人力資源配置方式，會計等為提升服務品質的各種功能（Kruger，2001）。

服務提供的就是以服務品質，獲得消費者滿意而產生的價值，價位高不代表在消費者心中的價值高，服務商品價格由服務提供者設定，要獲得消費者認同，還必須管控品質，讓消費價格等同或超越其價值；既然了解影響服務品質最關鍵的因素是人，就要對服務商品執行傳遞的服務人員進行管理。餐飲、飯店、航空、旅遊觀光服務業，都是人力勞動密集地的產業，大部分服務的傳遞都需仰賴人員，服務人員與消費者互動頻率高，互動過程的氛圍、彼此的態度，決定了消費服務後的感知判斷。思想可以改變行為，老菸槍戒菸，原因不論是什麼，一定有一個讓他放棄多年抽菸習慣的想法或動機；影響服務人員服務品質或績效的，就是工作態度、動機。適當人員招募的選、訓、留、用在維持服務品質的控制與管理中，可以發揮非常重要的作用（Morrisn，1996）。

第二節　服務職能訓練與評鑑

　　新進員工招募工作完成後，這樣的人力並不具備即戰力，要具有該項工作實際執行能力，必須接受能實際執行工作前的相關訓練；這些訓練的時間長短，因工作專業程度的高、低有所不同。新進人員也必須要能適應該組織的文化，並且接受培育訓練，在培訓結束節前，能符合組織對人員須有效完成該項工作的標準；對於需要大量招募的狀況，人力資源的所做的規劃，必須要先從招募到訓練結束可能耗損的數量，因為訓練過程會淘汰對組織文化適應不良者、訓練結果無法達到標準者，最後的人數才是可供人力資源規劃實際的人數。這個細節若沒有被考慮，最後可能導致所需人力仍不足，必須二次招募的結果就不令人意外了！

　　此外，求職者對企業組織文化若未經深入了解而逕入，當發現工作內容與想像不符、工作壓力無法負擔，就算有再多的熱情與夢想支持也不易長久維持。如是不僅企業無法獲得穩定的人力資源，造成單位人力成本的浪費，對於求職者專業經驗的無法累積和時間成本的付出（Shehada, 2014），都會形成社會與企業成本的耗費（Boxall, Purcell & Wrighgt, 2007）。勞動部勞動力發展署為因應全球經濟快速變化，提升國家整體的競爭力，期待以官方力量加強產業與從業人員能力，遂於2013年5月17日勞職能字第1020501323號，公布「職能發展與應用推動實施要點」。實施要點目的係為建置與強化各產業職能，也就是說從事所有的工作，必須要具備從事該項工作的能力，而其能力的具備來自於學習及個體天生具有的特質。

　　了解服務產業相關工作職能之必須，使組織管理者對於服務人員選、訓、留、用，可發展出明確可辨識的標準，找到適才、適任者，降低人力流失率與減少人力成本的浪費；另外對於有志進入服務產業從事一線服務的工作者而言，對以往因不了解而逕入，造成時間成本消耗、不適應導致成就感低落的負面狀態，從服務職能建構中，能明確了解工作性質及內容，必須具備的能力與特質，可為進入職場前適當評估及規劃，並預作能力培養與訓練。

一、職能定義

　　John Dewey在1916年發表的民主主義與教育（Democracy and Education）中就討論到專業與能力間彼此有著密切的聯結。而職能正是一個人工作上所需的技能與知識、工作動機與所表現出來的特質、行為及能力，也就是個人知識、技術、能力或其他特徵之綜合反應。「職能」是一種相關的知識、技術、能力和特質綜合作用產生的高績效工作表現，像是領導能力、系統性思考或是問題解決能力（Mirabile, 1997）。

　　英文的Competence和Competency翻譯成中文都有職能、能力的意思，而「職能」一詞最初在1973年由美國哈佛大學教授McClelland提出，他在「Testing for Competence Rather Than for Intelligence」一篇文章裡談到，對組織發展真正有助益的人力資源之檢視，並非只有聰明才智（Intelligence Quotient IQ）才是決定員工績效的主要關鍵；從員工工作表現績效進行分析，分析出表現績效高者是具備了什麼樣的能力，讓人員能在工作中產出最佳績效，而高績效產出者的能力才是決定績效好壞的重要因素，這些影響績效表現的因素包含了態度、認知和個人特質，也就是所稱的職能Competence（McClelland, 1973）。這樣的主張與Brigham 的研究，認為個體的智商高低是決定工作績效好壞與否的主要因素的概念不一樣，而至今證明McClelland 的能力說的確較Brigham的智力說，更符合實際狀況的發展。影響工作績效的特質必定與工作所需職能高度相關，若企業想要找到適合的人力，該項工作必須具備什麼樣的職能，就應該作為招募人員時的評估標準，如此，求職、求才雙方供需平衡，產業中適才、適所，人力資源才能發會最大效益。

　　職能乃是一個人工作上所需的技能、知識、工作動機與所表現出來的特質、行為及能力，也就是個人知識、技術、能力或其他特徵之綜合反應（Spencer& Spencer，1993；成之約、賴佩均，2008；林世安，2011）職能是指個體在執任務中的表現，其中包含知識、技能、能力、特質和行為（Boyatzis，1982）。知識是指執行某項任務所需了解可應用於該領域的

原則與事實；技能為執行某項任務所必需具備可幫助任務進行的認知能力或執行技術操作的技巧；而能力則是指在執行某項工作或任務時，必須具備可影響工作或任務績效表現的特質及態度，而這些特質與態度必須能持久一慣。例如：口語溝通表達能力、人際關係的社交能力、自我認知與自我管理行為等能力，也就是一般所稱的KSA（knowledge 知識、skill 技術、ability 能力）。所以職能就是使任務達成卓越績效的技能或知識，也是個人能力或特質，可使工作達成高績效的關鍵。另外，職能指的是所具備能力的條件及狀態（Hamel& Prahalad, 1994），但這樣的條件與狀態也並不是固定不變的，必須不斷努力和學習而產生，也必須持續學習才能維持良好狀態。

在一般工作職能模型中，要了解一個工作相應職務的能力要求，一般的基本能力，可以被應用在大多數行業別中，多半要求具有一般工作能力與學歷；較高階層的能力需求，會要求具備更多相關行業專門的能力與技術和專業知識；更高一個階層能力除具備產業特定專業的知識、技能、技術的專業職能外，更需要有專業的管理能力，也就是職能分類的核心職能及管理職能。服務人員職能歸納區分，以及所包含的範圍分析如下：

1. 一般職能（General Competency）

大多指的是工作上應具備的基本能力，也就是依據不同類型的工作必須要具備一般的或基本進入門檻，例如工作中獲得訊息、處理訊息的一般能力（Allen, Ramaekers & Van der Velden，2005）；如企業裡的一般行政、幕僚人員所應該具備的才能，也就是從事這類工作必要的特性（通常是指知識或基本的技巧，如教育程度、閱讀、書寫能力、基本技能、電腦操作文書處理、談吐表達能力、身體健康狀況等）；相同的，基於執勤的基本需求，具備一定的口語溝通能力，就屬於服務人員的一般職能的要求。

2. 核心職能（Core Competency）

包含管理核心職能及專業核心職能，專業核心職能則是針對擔任某特定職務或從事特定工作，必須具備的特質、知識與技能，用以勝任工

作，產生績效。管理核心職能是指爲有效達成管理目標所需具備的人格特質、領導管理觀念與技能（Pugh，2001）。而根據Boyatzis（1982）的定義，職能爲一個人在工作上產生績效的一些基本特質，包括外顯可見及內在隱藏的，包含知識（knowledge）、技術（skill）、能力（ability）等。核心職能又可分爲動機職能（Driving Competencies）、知識職能（Knowledge Competencies）、行爲能力（Behavioral Competencies）（Byham & Moyer, 1996）。核心職能是完成工作或任務中非常重要的能力，通常與組織的願景、價值觀緊密結合，可以適用於所有階層、所有不同領域的員工，也可藉此看出組織文化上的差異性，包括動機、特質、自我概念、知識（林文政，2014）。大多數企業在組織中強調的核心職能，主要是強調積極主動、團隊合作、溝通能力、責任感、分析思考問題、解決問題的能力、不斷學習

3. 專業職能（Functional Competency）

根據職務功能需求，擔任這項職務或工作者所必須具備的專業知識、技術與專業能力。專業職能也必須依據不同的專業領域，區分該領域、職務應具備的專業職能，如科技產業、銀行保險業、觀光飯店業、航空服務業等專業職能需求就會因其產業特性有所差別。重視飛航安全的航空業，針對客艙設備操作與使用、緊急逃生流程訓練、機上急救能力，都是客艙組員專業職能之必須，因爲一旦緊急狀況出現，客艙組員就是能立即發揮專業協助與救助的專業人員。而專業職能係指特定業別的專業者具有足夠的能力，當給予訊息或任務時，個體能依照標準規範完成任務，並負責任的、有效率的達成目標。專業職能也被認爲在某個專業領域中所擔任的工作、角色、或任一組織環境任務時，提供個體於工作中所學加以綜合、內化，並能長時間有效的維持的能力（Mulder, 2014）。專業職能中包含了知識、技巧、人際關係溝通、習慣、情緒及綜合專業等能力（Ronald & Edward, 2002）。而客艙組員接受專業的知識訓練後，執行每一次的飛行任務，都能在飛行時間內完成機上所有服務與確實做到維護客艙安全的工作，以及與人交流溝通後的訊息處理及問題解決等。期間透過專業知識的

學習與工作中操作演練，反覆運用在實際的任務中；知識與實際情境結合及不斷的循環重複，就能持續累積專業經驗。前述所探討的專業職能，就必須能使用與專業領域有關的關鍵能力，以專業學習爲導向，並將這些必須具備的每種能力加以組合，不斷累積專業經驗進而發展創新。服務人員提供服務的主要對象就是人，是否能在消費者提出需求後，適時給予正確有效的回應，必須運用所學專業知識了解問題所涉，採取適當的溝通表達回應需求。因爲不同的消費者會有不同的問題與需求，即使問題相同，相同的處理方式也不見得適用所有人，所以當每一次的狀況出現，其處理過程的回饋與結果，就會是一次經驗的累積。每一次經驗的累積與專業知識再次作用，便會內化成人員特有的經驗處理模式。

4. 管理職能（Managerial Competency）

　　是指管理過程中各項行爲概括的內容，是人們對管理工作應有的一般過程和基本內容所作的理論概括，包括管理過程、管理所須具備的知識、技巧及個人特質（Carson & Gilmore, 2000）。根據管理過程的基本邏輯，區分爲幾個相對獨立的部分，但並不表示這些管理職能互不相關。清楚的劃分管理職能，對於管理者實現管理活動的專業化有實質幫助，也助於管理人員更能容易地從事管理工作。要在管理的領域裡實踐專業化，好比在從事生產中去實現專業化一樣，能有效的提高效率。管理職能活動有計畫、組織、指揮、協調及控制，對未來工作進行一種預先的計畫（Fayol, 2016），爲組織實現目標，規定每個組織成員在工作中，必須形成合理的分工協調關係。管理者行使組織所賦予的權力去指揮、影響和激勵內部成員，乃實現組織目標而努力工作的過程，如指揮、協調等的領導職能；控制則是保證組織各部門在各個環節都能按預定要求運作，事實現組織目標過程中的管理活動。

二、職能訓練

　　從職能教育訓練而言，可分爲職前訓練（Before-the-job Training）、在職訓練（On-the-job Training）以及職外訓練（Off-the-job Training）。

職前訓練的意思就是對新進人員於正式執行所擔任之職務前，被施予對於該職務工作內容、專業需求相關的訓練；在職訓練則是對於一年或以上（年資員工）仍然在職的員工，為加強或提升工作績效與專業強度所施予的訓練；職外訓練係指受訓者離開工作崗位所進行的訓練，包含參加研討會、訓練課程及學校進修等（張緯良，2003）。

　　行政院主計總處研究，從104年事業人力雇用狀況調查統計結果顯示，招募員工時曾遭遇之困難主要以「求職者工作技能不符所需」佔37.4%最多；勞動部2015年12月10日宣布催生4.0人才，九年內將訂定220項生產力4.0職能基準，勞動部表示，職能基準旨在描述某一工作是在做什麼，要做好這個工作，需要有哪些能力，以及學校、企業可以怎麼教。職能基準發展出來後，日後還可搭配證照制度，鼓勵學生或在職員工努力搭載新工作技能。

三、訓練方法

1.實習訓練（線上）

　　大多數的員工訓練是在實際工作進行中實施訓練，如此操作的方式有幾個好處，首先是對於一些技巧比較複雜的工作，藉著實際觀察、直接參與工作進行，可以讓被訓練者藉操作後更快上手，更快成為實際可用的人力（一般較小規模的服務業者，多半採取這樣的方式）。其二是一般較不具規模的公司、商號，培訓新進人員的方式，可能因成本、效益考量，無法提供模擬的設備或場所，作為人員訓練之用。直接將新進人員帶進實際工作場域培訓，也可降低訓練成本；但，其缺點可能影響現場工作人員產出結果，因為在學習的過程可能出現錯誤，影響產出品質。

⑴實習生制

　　餐飲、服務業採實習生制度非常普遍，搭乘飛機時，可能會遇到穿著同樣制服的客艙組員，一樣親切、和善，臉上也帶著笑容，不同的是這個笑容會有一點靦腆，瞥見制服前會別著一個實習生（Trainee）的小小標示，也就是告訴搭機的乘客，新手上路，請多見諒。

(2)學徒制

學徒制的訓練模式多半用於工藝專門的教授學習，這項工藝或技術需要較長時間不斷練習，多半是一對一學習，也就是我們一般所稱的師徒制。

(3)工作輪調

組織中或部門中，與原工作有業務相關橫向職務的調動，可以藉此了解其他相關業務的工作內容、方式，進而學習任務整合的作業全貌。

2. 實習訓練（線下）

(1)課程學習

課程學習多半提供在職人員的訓練，工作技術、品質必須提升或需要有新的概念學習，必須短暫離開實際工作場合，不論是教室課程參與、網路課程學習，或是講座、論壇的參與，都屬於課程學習的範疇。課程內容能提升相關、特定的技術，或是人際關係及解決問題的能力。

(2)模擬訓練

將工作上使用的設備或實際可能發生的狀況，投置在模擬的工作環境中，或是透過模擬實際任務角色的扮演來學習未來要執行的工作，其中包括實際案例分析，模擬練習，角色扮演和小組間相互討論等方式。

(3)情境訓練

情境模擬（situational simulation）是試模擬訓練學習的一種方式，讓學員在模擬的情境下接受訓練的一種學習方法，學習的目的希望學習者在模擬實際可能發生的狀況下，利用觀察力和可用資源找到解決問題的方法。服務或行銷人員等，許多與人際溝通、口語表達能力的訓練，都適合情境模擬方法學習。

(4)多媒體訓練

多媒體科技的進步讓虛擬實境的體驗更接近真實，許多較大型服務業的新進人員訓練，除了實際擬真的硬體模擬設施可供學員實際操作，加上虛擬實境的狀況演練，尤其對安全訓練的學習更有加乘的幫助。高速鐵路、飛機都是高速的交通工具，新進人員接受訓練的課程，不僅只有提

供優質的服務，安全概念及逃生知識的養成才是重中之重；因為沒有了安全，再好的服務都是枉然，如皮之不存，毛將焉附。緊急狀況的發生，可能終其一生沒有經歷過，也不會有人希望發生在自己的身上，所以安全訓練的課程，可能只能靠假設、想像，當狀況發生如何處理；訓練設施如果加入虛擬實境狀態，配合視覺、聽覺的體驗，便能讓參與訓練者更能感受緊急狀態的周遭環境，裨益學習效果之提升。

四、維持人員高工狀態

當企業面對嚴苛的經營環境，唯有投資在人力、人才的培育，厚實員工的「核心職能」才能提升企業競爭力，現已成為目前企業經營發展不可忽視之重要課題之一（黃崧銓，2016）。在現今知識經濟社會的時代裡，企業競爭力最大關鍵在於人力素質，因此人力資源部門為組織中掌握最重要人力資產的單位。面對多變與競爭的產業環境，人才培育成為企業永續發展的重要工作，從企業發展的角度來看，企業不僅是需要培養適合產業的人力，更重要的是要能維持人力在高工狀態，如何有招募適職人員和維持高績效的人力資源狀態，逐漸受到組織管理者的重視，更是當今人力資源管理工作中主要任務之一。

1. 自我價值的實現

「無趣、沒有成就感的工作，員工一切按照程序、規範的任務執行過程中，不會產生工作中的自我價值與實現及成就感。」亞伯拉罕‧馬斯洛人類需求五層次理論認為，人要滿足個人需求的五個階段，從生理、安全、社交、尊重到自我實現，個人的生理需、安全與社交需求被滿足後，就會提升到尊重與自我實現需要的追求。自我價值的認同與成就感來自於他人的尊重，「唯有尊重個人價值才能讓員工真正的掌握工作，整個組織應該要能尊重、傾聽，並實踐員工的想法、感受、需求與夢想。」、「成就感是員工得到共好的必要條件。」著名的霍桑實驗，也清楚發現員工的表現，絕對不只是有較高的薪酬、較舒適的工作環境能影響績效的好壞。自我實現、自我價值認同的心理因素，才是影響工作績效的最重要的因

服務品質與管理

素，對於任何經營者而言，新的創意也許可以不斷的發想，但之於穩定持續的經營，卻不是單純有趣、好玩就能獲得成長與支持的。給予每次任務中的挑戰，讓所有工作人員經過不斷的討論、修正達成共識，最後獲得顧客滿意的回饋。從最終消費者的滿意中得到應有的報酬外，最大的收穫應該是所有參與工作的員工，在任務執行過中相互激勵與自我成長學習；如此，員工較能長時間保有高工作效率最佳狀態，服務品質也會在良性的循環下維持穩定。

2. 新觀念新事物的不斷學習

相信任何工作都會有機會在工作中學習到工作相關的知識與技能，例如：旅行業中的導遊或帶團人員也一樣，從事這樣的工作可能會因為要到不同的國家，會有更多機會接觸到不同國家的人、了解和自己文化相異的風俗，這樣的學習與認識，對於不同國家人們生活的文化、風俗和習慣，可以有更多一些體貼、理解與尊重。例如，泰國是佛教國家，男子成年後都會剃髮出家，出家期間與女性不可有肢體的接觸，有時這樣的身分因為需要搭乘飛機或其他交通工具時，就一定會要求鄰座的乘客一定要是男性，人員在提供餐飲服務時也一定要避免碰觸泰國僧侶乘客，在機上狹窄的走道經過，禮讓空間避免接觸就是對這些僧侶乘客最體貼的服務，而這些不同的文化風俗，都是在日常生活中不容易遇到的學習經驗。

3. 樂在工作的成就動機

擔任一位稱職的服務人員，工作中必須在內心充滿成就動機，畢竟工作的對象是顧客，每個人都有不同性格與修養，遇到挫折是難免的，當內心充滿成就動機的正向能量，才能成為持續提供高品質服務的工作動力。以航空業為例，客艙組員在機上所碰到的事無奇不有，如機上乘客生病、喝醉鬧事等，這樣的狀況碰到的機會不少。就事例探討，某航空公司航班遇懷孕婦人在機上因為早產飛機轉降在日本大阪，當班飛機從舊金山機場拉起返回臺北的夜班飛機，搭機乘客約七成，從地勤處得到特殊乘客訊息中有一位懷孕六個月的孕婦乘客，也收到這位乘客的醫生許可的搭機證明和相關文件。登機狀況非常順利，起飛時間是當地凌晨，組員按照服

務流程走完餐點服務後，就將客艙的燈光調整至適合休息睡眠的亮度幫助入眠。越洋班機抵臺的時間在早上6點左右，所以降落前的2個半小時前會有早餐的服務，就在準備餐點的前半小時，有組員告急忙向事務長報告「有乘客要生寶寶了！」，事務長乍聽之下覺得她在開玩笑，再細細一想今天的確有一位懷孕6個月的孕婦搭機，而這位懷孕乘客就坐在前來報告組員的責任區域內，但6個月在懷孕的整個過程中相對而言算是穩定的，除非是有遇到外力撞擊或是激烈動作，否則沒有原因讓這位孕婦提早分娩。經了解狀況後得到的訊息，這位懷孕婦人上機前就有破水的現象，但孕婦的先生擔心在外地生產醫療費用可能非常昂貴，希望她能忍一忍回臺灣生產，未料上機後幾個小時就開始陣痛，這樣的過程和不經思考的決定，實在讓人不知該如何責備。6個多月的寶寶早產，除非有醫療的維生系統支持與照護，否則分娩後存活的機率不高，事務長先將狀況通知機長，同時利用廣播尋找醫療的幫助，廣播後有一位醫生和一位有接生25年經驗的助產士，義不容辭地照顧這位快要生產的孕婦，在醫生專業的建議下機長決定轉降最近的大阪機場，組員此時接受機長指示執行飛機轉降的準備，幸運的有專業醫療人員的協助照看，還有助產士替我們不斷安慰產婦，給她支持的力量。雖然一些乘客得知轉降訊息後難免抱怨，但機輪放下準備降落的時刻客艙內異常安靜，彷彿大家都在替這急著從媽媽肚子裡出來小傢伙祈禱一切順利、平安。飛機停妥開門時日本大阪當地的救護車已經在機門邊待命了，將孕婦送上救護車後，飛機得準備另一次起飛（大阪-臺北）前的作業準備。折騰了好一會兒，機長準備起飛前的廣播，除了感謝所有乘客的耐心與諒解，也從地勤處得知這位乘客在救護車上生了寶寶，母子均安。好些乘客聽到機長的廣播都高興地拍起手來，來自不同地方的人，對這不認識的母子，卻給了相同的祝福。當然類似的特殊經歷不只一樁，但可以被強調的是在不預期的飛行狀況發生後，短時間必須緊急處理事情的壓力、值勤任務時間的延長、少數乘客的不滿抱怨，也許都是造成客艙組員職業倦怠的原因（Ng, Sambasivan & Zubaidah, 2011），但知道媽媽順利生下寶寶，或是當任務結束後機上乘客不吝給予

服務品質與管理

的回饋（一聲謝謝、一個微笑），都是工作中滿足感與成就感的來源。

4. 人員評鑑與績效管理

　　評鑑的目是為了解接受訓練或學習的人，在學習後於執行任務時所展現的效果，持續維持或更佳的工作表現（Astin，2012）；為維持組織優質的的企業形象，組織成員的評鑑與考核，新進人員到年資組員沒有例外的，新進組員的職能評鑑、線上組員職能考核，都是組織管理者維持競爭力的有效工具。（如圖5-2）管理者為了了解員工是否達到服務品質績效要求的標準，組織內制定績效管理系統被認為是一可行的運作方式。在組織的管理中，評估員工工作表現的方法，透過績效考核系統核實，讓管理者能確保員工的表現，可以長時間、穩定的維持在一定的水準。對於達成績效者給予正獎勵，而未達標準者，評估缺失項目，在訓練課程的施予，提升其達成工作績效的標準的能力一般企業在人力資源管理面，對於員工考核著重於績效損益面，以能為公司直接或間接創造利潤，或生產數值與良率的多寡來斷定員工績效，也就是一般工作成果可以明確衡量的工作績效，多以產出為基礎的績效評估方式，透過工作結果是否達成組織所預期的目標來判斷員工之績效表現。績效考核方式的立意，主要在於員工可以有明確易懂的目標去達成，而非透過管理者（評估者）的主觀認知來取得的工作績效評鑑。

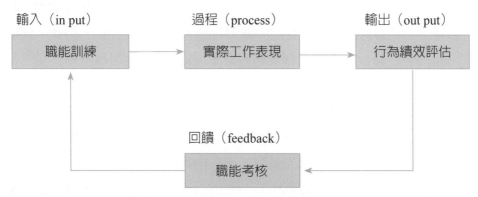

圖5-2　考核系統結構

五、關鍵績效指標與成果指標

關鍵績效指標（KPI）是一種衡量方法，也是組織用來了解各單位、部門、組織成員在工作、任務執行中的績效表現的工具；當組織確定戰略目標後，KPI就可以作為檢視績效執行的狀況，為組織找出無法有效達成績效的關鍵問題，並找出解決問題的方法。

關鍵成果指標（KPI）是一種與財務相關的績效指標，用於幫助組織衡量既定組織目標或目標執行的進度，著重觀察組織在某方面的表現，例如消費者滿意度、稅前淨利、員工滿意度、獲利能力、投資報酬率等等，用以了解目標執行方向是否正確。

1. 關鍵績效指標（Key Performance Indicators，又稱KPI）

關鍵績效指標是組織績效管理的基礎，用來衡量一個管理工作績效的重要指標，也是一種數據化的管理工具，所以數據的收集與評估必須是客觀、可衡量的，作為組織及組織成員於任務執行時績效表現的觀察指標。組織管理者可藉KPI數據評估，服務品質績效可以做什麼樣的修正？修正之後可以改變什麼結果？如此，衡量組織成員的工作績效指標才會有意義。KPI強調管理中的八二原則，理論基礎來自於帕雷托80/20原則，組織在創造價值的過程中，符合80/20原則所述，也就是20%人員可以創造80%的價值；這樣的原則也是用在每一個組織成員的績效表現，也就是20%的關鍵行為，可以完成工作中80%的任務。因此，必須找出這20%具有影響力的關鍵行為，在針對這些關鍵行為進行分析與評估，如此，便能找出組織發展績效的重點並有效利用資源。KPI提能供組織重要訊息，使其了解是否正在既定目標中前進，也可以清楚地知道目前的績效表現是否達到組織預期設定的標準；組織需要一種方法來評估績效現況以及了解目標策略是否適合組織發展，藉此能快速修正並適應市場變化。如果要在激烈競爭的市場中找到對的策略，過程中可以利用KPI衡量，是否有需要修正必要，並根據所得資訊隨時調整方向。KPI關鍵績效指標的設定要客觀並且可量化的，有一個重要的SMART原則（Specific、Measurable、Achievable、Result-oriented of Relevant、Time-bound）可以作為指標設

定時的參考依據：

(1)具體、明確（Specific）

要具體的針對關鍵特定區域、範圍進行改進，以服務品質範圍而言，組織提供的服務、商品為何？提供服務的對象是誰？對於具體的特定範圍、目標、對象，進行修正後的結果會是什麼？都必須要具體說明與了解。

(2)可衡量（Measurable）

可衡量的原則指的是，目標不是抽象、模糊，而是明確、具體有標準、可量化的數據做為任務執行後，用來衡量達成目標與否的依據。如此才能使組織管理者在下達目標指令時，與組織成員對於目標的認知不會產生歧異，導致結果也會出現落差。

(3)可實現（Achievable）

可實現性是指績效指標的訂定，實現可達成的結果是什麼？或是多少？必須是現實可行的狀態下執行，設定目標符合實際需求，過高或過低都不具意義。

(4)相關結果導向（Result-oriented of Relevant）

目標的設定與實現必須是和想要得到的結果有相關性，也就是以結果導向設定目標，若計畫執行結果與預定達成得目標不相符，代表執行過程發生錯誤卻沒有即時修正，或是在目標設定時就沒有根據想要達成的結果做出相關的規劃。例如：提供服務人員維持服務品質的專業訓練課程，訓練課程的設計，必須具備使參與人員接受訓練完成後，能有效提升服務品質的功能或類似的效果產出，若課程設計內容讓接受訓練的人學習繪畫技巧，和最終要提升消費者服務品質的結果沒有產生關聯，當然就也就不會達成目標設定的預期效果。

(5)時間範圍（Time-bound）

時間範圍指的是目標有明確的時間範圍，在計畫執行後所設定的一段時間內，確認什麼時候可以產生結果，也就是計畫實施後在一定的時間，要看得出執行的效果為何？

2. 關鍵成果指標（Key Result Indicators，又稱KRI）

關鍵成果指與標與目標結果直接相關的指標，其目的是為了確認組織任務執行的狀態與方向是否正確，從KRI數據中可以了解個單位、部門，前進的步伐是否與組織的目標一致，確認是否持續走在正確的方向。關鍵成果指標可以根據財務結果分析組織的財務狀況，但從這些數據中看不出對結果以及結果造成的原因，若指標出現與目標相悖的訊息，這些數據沒有辦法對出現問題的地方提出相應的解決方式。與KPI不同的是，KRI可以清楚知道，組織管理目前進行的方向，但無法了解組織需要做什麼能改變結果。衡量關鍵結果指標KRI的功能可以協助組織管理者有效觀察組織內個單位、部門的績效執行方向是否正確（Spitzer，2007）；組織各單位根據關鍵結果指標共同完成既定目標，讓些目標與組織整體戰略的前進方向保持一致（Parmenter，2010），組織內的所有成員都為實現同一個共同目標而努力。KRI也是長時間執行觀察的結果，涵蓋較長的時間，檢視周期通常為每月或每季，而不是像KPI為每天或每週。（如表5-1）

表5-1　KPI和KRI可區分幾種不同的特點

KPI	KRI
非財務措施	財務措施
日、周評量（經常性測量）	月、季、年評估
人力資源分析管理	財務分析管理
由各單位主管負責	由CEO一人負責
須向CEO及資深管理者報告	向董事會進行報告
透過平衡計分卡了解人員的績效指標	涵蓋過去財務成長趨勢

六、績效評估管理

績效就是指組織觀察每一個成員，職務要求各項任務的執行度或完成度，績效可以清楚顯示組織成員是否已完成職務所需達成的目標。績效考核是管理者對組織成員於特定期間（周、月、季、年）內的工作績效進行

的檢視；績效管理是管理者評估組織成員工作的績效表現，依據組織規模的需求，選擇適當的績效考核工具，確實、有效反應被考核者的工作表現，不但可以評估每個成員對組織目標的貢獻程度，同時也能適才適用，提升組織的競爭能力。

1. 績效評估

組織之所以需要評估績效，可以藉績效評估了解組織成員工作績效好、壞，發現影響績效的問題，找出需要改善、修正的地方，表現優良的的方持續加強，將所有成員績效維持在標準之上。我們所認知的績效和努力不太一樣，努力是指成員為完成任務，所付出之精神與時間，而績效是指為完成任務，付出精神和時間後所獲得的成果；因為努力不一定會有成果，而成果就是績效的積極表現。如去補習班參加檢定考試的補習，班上的甲和乙，相同的上課時數，但檢定成績卻是甲未通過、乙通過，就表示乙經過補習後的成果是有績效的。

2. 績效評估的目的

(1)績效評估是要了解組織成員現在和過去相較工作績效表現的程度（Gary Dessler）。

(2)績效評估是對組織成員在工作中的表現和發展潛力的系統性評量，了解並衡量生產力效率和有效性。

(3)依據績效評估，作為組織成員給薪、晉升的參考依據。

(4)透過績效檢視，成員持續維持的高工表現者，可增加其他生涯規劃能力的學習。

第三節　績效評估的方法（傳統）

一、排序法（Raking）

排序是比較傳統的人員管理績效評估方式，執行的方法也非常簡單，將所有人員於系統中各項評分的總和在加權計算結果進行比較；排列依分數從高到低、或由低至高，將人員按照順序排列。根據被考核組織成員的

工作績效表現，從成績最好的到最差的依序排列；績效表現排名是管理者判斷組織成員好或不好的依據，而給予獎勵或懲處。

　　雖然排序法是一種簡單、容易操作的方法，且能快速獲得結果，正因為方便、快速，但如果大規模進行，就會出現問題；因為，這種績效評估的方法，結果通常是在快速評估下做出判斷，公平、客觀性容易受到質疑。（如表2）

1. 排序法的優點
　　⑴容易操作使用，從名次排列可以快速解釋績效表現結果。
2. 排序法的缺點
　　⑴主觀感知月暈和近期效應的影響，判斷結果可能與事實有落差。
　　⑵採用排序法被考核成員的特質和優勢和劣勢，無法被有效評估。
　　⑶不適用於工作性質複雜的績效表現評估。
　　⑷被考核在後段成員，對自信、士氣會產生負面影響。

表2

姓名	業績	名次
項　羽	210300	1
劉　邦	201200	2
諸葛亮	198800	3
司馬懿	195900	4
蘇東坡	193600	5
歐陽修	189200	6

二、評級（Rating Method）

　　評級是一種常用的傳統績效評估方法。主要是對被考核人員的出缺勤紀錄、工作態度、工作績效、團隊精神、主動積極，等各種工作績效表現標準，根據好、壞從1到10給予評分。被考核人員的績效可以是主管、工作同事，或是由被服務的對象（消費者、顧客）對其績效表現給予評估

（顧客調查表、意見函），最後將所有績效表現分數加總取得結果。

　　如表3所示將被考核者的績效考核依照各項目表現，在1到10的數字，勾選評估認定後的分數，最後將各項分數加總，得到最後結果。績效審查的評級方法符合經濟效益、管理者執行考核，不需要有具有高度專業績效評估技巧，所以能被大部分的組織使用。評及考核適用所有類型的工作（餐飲、航空、飯店等），也適用於大量的考核、評估；但是，這種方法有一個最大的缺點，成員工作績效考核可能因為考核者的偏見，被主觀意識影響評級的公平。

表3

出缺勤									
1	2	3	4	5	6	7	8	9	10
差				標準				優良	

責任感									
1	2	3	4	5	6	7	8	9	10
差				標準				優良	

工作態度									
1	2	3	4	5	6	7	8	9	10
差				標準				優良	

組織能力									
1	2	3	4	5	6	7	8	9	10
差				標準				優良	

三、配對比較法（Paired Comparison Method）

　　配對比較法，將被考核的組織成員的整體表現，與另名被考核人然的整體表現，在一致的標準下進行比較（Jadhav，2013）。根據配對比較法，在同一職等中找出兩兩相應、比較對照組，管理者對被考核者的各個與績效相關考核項目，進行評估、考核，可以從考核結果中，找到工作

績效表現最優秀者。相對於排序法，配對比較法較為精準，配對比較法針對每一個考核項目進行比較，這個方法用於單一工作特徵比較，每個成員與組織中其他成員，一對一配對進行比較，項目通常針對一項特徵進行比較。考核者評估後，在兩兩相比較優者代表的格子中劃出「＋」號，相比較較差者所代表的格子中劃出「－」號；劃「＋」號的代表1點，「－」號者以0點計，將A、B、C、D、E所有被考核成員與其他成員一一進行配對比較，最後的點數換算後得出成績、排名順序。如果有五名被考核者（A、B、C、D、E），如配對比較圖5-3所示：

績效表現評價					
	排序				
		A	B	C	D	E
比較	A		−	+	+	−
	B	+		+	+	−
	C	−	−			+
	D	−	−	+		+
	E	+	+	−	−	

工作能力評估					
	工作項目				
		A	B	C	D	E
比較	A		1	0	0	1
	B	0		0	1	1
	C	1	1		0	1
	D	1	0	1		0
	E	0	0	0	1	
總分		2	2	1	2	3

圖5-3

1. 配對比較法的優點
   (1)在組織中對於人員升遷時的績效考核是有幫助的。
   (2)當組織資源分配發生衝突，有助管理者做先後優先順序的安排與決定。
   (3)管理者在缺乏客觀數據的狀況，使用配對比較法會有效果。
2. 配對比較法的缺點
   (1)比較項目的描述較模糊、抽象，並非實際、明確的工作績效評比。
   (2)管理者如果希望組織成員績效做出明顯區隔，配對比較法不是一個適合的績效評估方法。

四、強制選擇法（Forced Choice Method）

　　強制選擇績效審查的方法，是由J.P. Guilford提出，它是一種可靠並且能有系統準確評估組織成員績效的方法，採用正面、負面的描述做為評估組織成員績效表現的方法。

　　人力資源管理者採用這個方法，對被考核者提出正、反兩面的評估，並定義正面積極和負面消極的陳述，管理者從這些被考核者的績效評估的陳述中，了解各項陳述哪些是正面？哪些是負面？消極大多是負面表述，例如沒有責任感，工作常常遲到、不守時。每一種陳述的說法，無論是正面的還是負面的，人力資源管理者都會有一定的評估分數，但評估分數的過程與方式，並不會透露給實際考核者，也會使得考核結果更加客觀。強制選擇法的執行，若具備讓訓練有術的管理者開發適當的量表，以及對各考核績效項目的正面、負面描述制定標準，結果會更具客觀性。

1. 強制選擇法的優點
   ⑴不是正面就是負面，考核者被迫選擇，減少模稜兩可產生的模糊狀態。
2. 強制選擇法的缺點
   ⑴實施成本費用過高。
   ⑵只有負面及正面描述，沒有其他中間可能的選擇（實際表現可能較高、或較低），無法完整評估被考核者真實表現。

五、強制分配法：（Forced Distribution Method）

　　1990年代，Tiffen提出了一種新的績效考核方法，稱為強制分配法，為的是要改善級別分類的缺陷，管理者將被考核者的考核分為低於標準、標準、高於標準等績效表現。根據被考核者具體績效表現百分比的分布進行評估，強制分配法將被考核者平均分為不同組織級別，級別標示低於標準、標準、和高於標準的百分比，管理人員對被考核人員的評估，每一次都加強並要求超越之前表現的績效表現。如圖5-4：

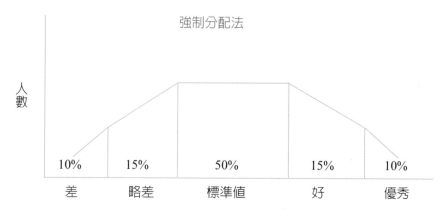

強制分配法

人數

10%	15%	50%	15%	10%
差	略差	標準值	好	優秀

工作績效曲線

圖5-4

　　執行強制分配法考核工作績效的時候，也有技術上很難解決的問題，每一種個制度都有涵蓋不到的某一部分的缺點，但沒有任何一種方法是零缺點的；所以當使用這種方式時，管理者就必須要在執行技術上調整，調整到最適合自己的組織模式運作，最後績效考核結果才會相對有效。強制分配法大多被以服務為導向的組織管理中應用，且具有一定的效果但也有一些實際存在的優、缺點。

1. 強制分配法的優點

　　假設被考核者都都害怕被分到表現不佳的組別，就會更努力的維持好或非常好的表現，因此能持續維持或提高工作績效表現。從圖形可以看出，分布沒有集中趨勢，表示大部分的成員表現都在標準之上。

2. 強制分配法的缺點

　　(1)組織成員因為被強制分類、分組，可能會在成員之間造成對立或不良的競爭，團隊無法合作。

　　(2)採強制分配法，每個組織成員都不完全屬於任何一個組別，對團體沒有歸屬感、認同感，讓評估結果不能實際反應績效表現。

　　(3)考核、管理者仍可能因為個人喜好，將較引人注意的成員，放在表現在優秀的組別中，而不太吸引注意力的員工，不論實際工作表現

如何，卻被放在表現較差的組別，導致士氣低落，無法實際評估績效表現。

六、關鍵事件法（Critical Incident Method）

關鍵事件方法，既然稱之為關鍵，就是指該方法由管理者紀錄組織成員的某些行為，然後進行評估，而評估的這些行為就是影響工作的績效達成與、否的關鍵行為（Aswathappa，2005）。一般來說，所有組織成員在正常工作狀態下的表現都大致相同，不會有太大的差異，但當發生突發事件或緊急狀況的時候，此時能夠保持正常表現的的人，可能就是少數幾位。關鍵事件法通常用在評估成員在突發狀況下的工作表現，所以適用於工作可能會面臨緊急、突發狀況，必須立即處理的工作別，例如警察、消防員、醫護人員、機師等。關鍵事件考核是必須定期執行，考核者記錄了被考核者在模擬事件所有行為反應，在每次的考核結束後，管理者會對過程進行評估、分析，最後依據考核結果給予評分。關鍵事件法評估組織成員的工作績效，對單一特殊項目會有實際果，但無法對被考核者的所有工作的表現作整體的評估。

1. 關鍵事件法的優點：
   (1)評估依據實際觀察，考核結果接近真實行為表現。
   (2)操作簡單、花費較少、容易管理。
   (3)根據實際行為描述，所以不容易有主觀、偏誤感知影響結果。
   (4)可以快速改善員工的工作品質與效率。
2. 關鍵事件法的缺點：
   (1)考核過程較長且耗時。
   (2)考核過程，被考核者的所有行為及反應都會被如實紀錄，使被考核者有被監視的感覺，不自然的狀態可能影響實際的考核結果。
   (3)被考核者的消極態度或負面反應很容易被注意到，關鍵事件法強調的就是遇事積極反應，當過程中被考核者，沒有因事件發生積極做出反應，就有可能被評估不夠積極，影響考核。

七、績效測試觀察法（Performance Test and Observation Method）

　　績效測試觀察法是根據測試員工的知識或技能，以筆試的方式實施，也可以根據技能的實際表現來實現（Khanna & Sharma，2014），測試必須經過驗證，測試的結果才有效且有意義。一般企業、組織招募人才過程，或是工作因晉升機會，對相關工作基本專業能力要求，例如航空業需要語言能力證明、餐飲業廚師招募需要丙級、或乙級證明、飯店服務業需要服務資格認證等，必須參加考試通過（筆試、實際操作），才能獲得證明（證書、證照）。舉辦考試、發給證明，機構本身也必須是經過嚴格規範認可，具有公信力的專業單位，考試結果能力的認定（多益、托福），對組織績效考核評估才有意義。

1. 績效測試觀察法的優點
   (1)對組織成員專業知識、技能的衡量，績效測試觀察法可能是比較有效的評估方法。
   (2)考試成績測試結果通過與否的評估，可能比考核實際績效表現更有效率。

2. 績效測試觀察法的缺點
   (1)根據考試或技能檢定的結果來評估成員的表現判斷，對其整體績效表現並不全面（語言能力佳，並不代表有服務熱誠）。
   (2)考試標準驗證格管理的成本非常高（組織或企業多半委外辦理），委外機構選擇也必須謹慎（機構的公信力、權威性）。

八、圖表評量法（Graphic Rating Scale）

　　圖表評量法，在績效評估方法中是最早被提出、最淺顯易懂，並被普遍使用的一種評量績效的方法。圖形評量法將工作績效重要的行為或特質標記，再將這些能影響工作績效的行為或特質，對所有組織成員進行評估，把這些影響工作績效的行為與特質予以量化考核。依據各種工作績效標準對組織成員進行考核，將每個標準明確分為差、略差、普通、好、

優；而這些標準有相對應的分數，管理者對被考核者的工作績效類別進行評估、考核，最後將各項考核所得分數加總。

　　如表4直列所標註的是各項考核標的（參與感、團隊精神、工作熱誠、獨立作業），橫列顯示的是個考核項目的績效表現等級（差、略差、普通、好、優）；考核人在每一個考核項目，與對應的績效表現等級欄位中勾選，再將各項考核等級代表的分數總，就是該成員此次績效考核的分數。影響工作績效的行為可能是工作態度、責任感、團隊精神、態度親切等；評級通常可以分為5個等，1極差、2差、3普通、4好、5非常好。執行圖表評量法對於所標記的項目，必須是要能確實影響績效表現的行為或特質，而這些行為、特質的定義與描述也要簡明易解。例如：

表4　CRAPHIC　RATING　SCALE
員工姓名　＿＿＿＿＿＿＿＿＿＿＿＿＿＿＿＿＿
部門、單位　＿＿＿＿＿＿＿＿＿＿＿＿＿＿＿＿
工作名稱、項目　＿＿＿＿＿＿＿＿＿＿＿＿＿

	差	略差	標準	好	優良
出缺勤			✓		
責任感			✓		
工作態度				✓	
組織能力					✓

1. 人員是否定時清潔洗手間？
2. 顧客餐畢離開，是否立即清理桌面？
　　每一個等級所代表的範圍描述，也要清楚、明確。例如：人員是否注重環境整潔的維持？
1. 極差（表示標記的行為不存在）
2. 差（表示行為發生但未達標準）
3. 普通（行為發生，錯誤不多）
4. 好（行為發生且已達標準）

5. 非常好（行為發生沒有錯誤，工作品質已超越標準）

　　執行考核的人，可能不只一人，不一定每一個績效表現的程度認定都一致，若每一個等級涵蓋範圍描述明確，當考核者執行考核時，就能有一個可依循的評估標準，不會因為認知差異過大，影響實際考核的結果。

1. 圖表評量法的優點

　　(1)圖形評量法使用簡單容易理解、執行。

　　(2)將較抽象的行為表現標準化、量化，讓績效考核系統化。

　　(3)這個方法可以立刻看到績效表現最好與最差的成員。

2. 圖表評量法的缺點：

　　(1)不同的組織成員有不同的優點，但這些特徵可能會因為各項分數加總平均後，結果落在一般平均值，以致無法有效辨別組織成員的特質。

　　(2)雖然此法可以將行為表現標準化、量化，但感知卻會因為不同得考核者，而產生不同程度的判斷，也可能被許多效應（月暈效應、刻板印象、對比效果等）的影響，對於被考核者有既定的主觀印象（不佳），對於其他可能表現優秀之處，也會因為效應認為表現普通，失去考核準確性。

註：月暈效果（Halo effect）

　　月暈效應是美國教育心理學家艾德華・桑戴克（Edward Thorndike, 1874-1949）所提出的，認為個體的單一或某種特質放大被放大，相對影響整體行為表現的判斷。一般人對於長得又高、又帥的人一定也很聰明，長相一般、身材不佳，但是一開口唱就豔驚全場，因為一般認為長相身材普通應該其他表現也普通。科學家在科學上的成就與表現，在月暈效果的影響下，被人賦予更多的道德期待，但結果通常與期待有很大的落差。

九、論述法（Essay Method）

論述法是一種傳統的績效評估方法，這個方法利用描述性的方式，對成員進行考核，以被考核人員為主，寫一篇關於被考核者相關訊息的描述性的文章，文章裡詳細描述了被考核者的個性、優點、缺點、專業，與績效表現的相關訊息（Jadhav，2013）。論述法是一種非量化的績效考核方法（Khanna & Sharma，2014）（Shukla，2012），雖然可以單獨被使用，但是，此法通常和圖表評量法一起使用，可以避免論述因主觀、偏誤造成的影響。

1. 論述法的優點：
   (1)對過於簡單結構化、勾選式的績效項目，可以藉論述法文字描述提供更具體的訊息。
   (2)對於各績效項目的標準，可以對相應有的行為或表現，有更清楚明確的描述。
   (3)論述法有助於收集大量有關成員的相關訊息，描述的過程是非常靈活且不受限的，考核者並不受限於必須按照一般標準進行考核，讓考核者能夠在他們認為的問題或特點，都能再利用論述法的過程更加凸顯。
2. 論述法的缺點：
   (1)如果沒有足夠的資訊，便無法真正評估被考核者的績效表現；描述的訊息無法被量化與其他人與之相較。
   (2)考核過程耗時，管理者可能因為描述過程中的資料收集，書寫時必須注意文字的流暢、文意和邏輯且通順等原因，可能在時間有限的侷限，便草草結束。
   (3)這種方法繁瑣和管理不易，因為論述法相較於其他的評估方法，需要更多詳細的資料，評估料是長篇、描述性的文章，通篇閱讀後，必須了解、歸納；內容所強調與績效相關的資料，考核者本身也必須具備良好的寫作能力，否則無法對被考核者有邏輯性的描述，產生誤解；主觀偏誤容易影響評估判斷。

十、核對清單法（Check List Method）

核對清單法也是評估員工績效另一種簡單的方法，是由人力資源主管評估、規劃後，交由考核人員執行，核對清單可能包括許多條列式的問題描述（被考核人員的行為、工作表現、態度等），考核者必須就所觀察到的績效表現項目，一一確認以　"是"　或　"否"　的方式，標記或勾選來確認，被考核人員表現是否符合問題的要求。這種方法不僅有助於評估組織成員的的工作績效，也可以不同的方式對員工的工作績效進行評估，可以得到考核的一致性。

清單與書面評估結合，可以避免類似單一、主觀造成的影響，對每個被考核成員的的專業職能的績效表現，是一種相對公平的考核方式。組織成員工作績效考核過程，每個人都按照相同的規模和標準進行評估，使用核對清單勾選，可以避免管理者過於主觀及感知偏誤。考核人員根據清單格式考核項目，依序對人員進行評估勾選，透過書面評價描述，被考核者績效某些被忽視或強調的領域，管理者可以給建議或認同，讓被考核者了解在整體績效表現外，還能藉此調整自身的優勢與劣勢。

書面評價描述部分非常很重要，因為核對清單的勾選方式，可能會讓管理者在快速勾選時，沒有完整思考每個項目評級之間的邏輯；書面評價描述部分可以補強核對清單的缺失，當完成清單勾選後，再與書面評價描述相互確認，勾選的結果是否與描述的內容有邏輯上的問題，就能避免類似問題造成錯誤、影響考核結果。執行績效評估的方式或操作過程不當，會讓管理者與被考核者之間關係產生緊張或對立，因為當考核有出現不公平、不客觀的疑慮時，所造成的影響可能會是管理者與被考核者的不信任，組織成員不再認為努力表現後的結果會受到鼓勵、得到認同。（如表5）

1. 核對清單法的優點
　　⑴簡單、容易使用、節省時間。
　　⑵管理簡單，短時間可以得到結果。

表5

CHECKLIST METHOD		
1.與同事相處行為表現一致	☐Yes	☐No
2.工作中遵守紀律	☐Yes	☐No
3.有團隊精神	☐Yes	☐No
4.工作中維持高度專注	☐Yes	☐No
5.工作程序依據規範執行	☐Yes	☐No
6.服從主管任務分配	☐Yes	☐No

2. 核對清單的缺點

(1)管理者無法對被考核者的特質、行為做全面性的分析。

(2)文字掌握不夠精準，書面描述容易使人誤解。

(3)容易忽視Check List以外的事項，管理者也可能認為Check List上所條列的事項，都是與工作績效表現相關的重要事項，如果沒有列在Check List上就可能因此認為無關績效，而被忽略。

十一、現場觀察法（Field Review Method）

現場觀察法的績效表現考核，考核、評估不是由被考核人員部門主管進行，而是由企業或組織的人力資源部門或其他單位部門管理者執行（Khanna & Sharma，2014）。這個方法的使用就是針對被考核人員工作績效，可能因直屬考核主管的偏見產生不公平的問題而改善，但由於執行耗時，且執行考核者必須委由相關專業者進行（非直屬主管），現場觀察法並沒有被廣泛的被應用。

1. 現場觀察法的優點

(1)被考核者被考核的結果，對管理者而言是有用的資訊。

(2)可以避免管理者因主觀偏誤，而影響考核公正性。

2. 現場觀察法的缺點

(1)執行過於耗時。

(2)由於考核者可能由不同工作性質或部門人員擔任，當執行觀察、評

估時，無法藉由觀察實際行為，有效認定對提升績效是否有影響。
　⑶若被考核成員有疑慮提出質疑，考核執行者可能會因此不悅。

十二、秘密考核法（Confidential Report）

　　機密報告是一種古老、傳統的人員績效評估方式，管理者對於組織成員優點與缺點的查核報告，通常在決定人事決定調動、升等時會使用這種方式評估。機密報告多常用於政府或公部門的人事決策（Khanna &Sharma，2014），是評估員工績效，但考核過程與結果，都不會告知被考核人員，這種績效審查方法每年進行一次，也不是公開的考核方式，機密報告只能由授權人員查看。機密報告會明顯強調被考核者的優點和缺點，這種考核評估方式不會使用在一般民間商業組織，大多應用在政府組織中，被考核者要直接面對評估的結果，因為考核過程機密、不公開，考核者與被考核者沒有雙向溝通管道，被考核者沒有解釋說明的機會。機密報告考核評估的幾個重要因素：

1. 出、缺勤紀錄
2. 守時
3. 誠實
4. 專業知識
5. 工作績效
6. 監督管理能力
7. 團隊精神
8. 未經許可擅離職守
9. 領導能力

第四節　績效管理的方法（現代）

一、目標管理法（Management by objectives）

　　近年來許多企業組織為提高效率，開始採用自我控制、管理的團隊合

作方式，來面對國內、國際間的競爭。將具有共同目標的團體，整合其相關任務、生產計畫和品質控制，並就整合後的任務分配、輪調、工時和激勵等計畫做更有效的管理（Guzzo & Dickson，1996）。自我控制、管理並不是計畫的最終目的，為的是能夠更快地適應不斷變化市場需求，和組織內部人力資源更具人性化的管理，如何落實這些想法？目標管理法會是一個很好的選擇（Antoni，2005）。

目標管理法Management by objectives（MBO）是由 Drucker、Mcgregor 和 Ordiorne 管理學者專家共同發表的一種系統性的員工績效評估法。傳統績效的評估方式，考核的結果主要是從考核者的觀點或意見，作為最後績效表現評分的依據；但現代人的管理者深刻體會到，績效表現要從其他組織成員的角度，去了解被考核者的實際工作績效表現，才會比較公正、客觀。較公正、客觀的考核方式，可使組織內部的所有成員，對於考核的方式產生認同，而採積極態度爭取好的工作績效表現。

大多的數傳統管理工作績效的評估方法，多少都受到管理者與被評估者對立面情緒的影響，會使得考核後的結果不夠客觀，為了克服這個問題，1954年彼得·德魯克（Peter Drucker）提出了一個新的觀念，他提出目標管理（MBO）的概念；是由組織中的管理者和被管理者，共同定義每一個績效單位，確認每一個人員的主要責任區域，再利用這些方法評估每個成員的績效表現，其目的就是要透過組織成員共同、積極的參與，使得績效評估的結果更客觀，人員表現也更接近真實。

實施MOB的管理者，必須與組織其他成員一同達成預期的績效，且定期討論執行任務的進展，最後達到預期績效目標；這是一種由管理者和組織成員共同規劃，透過相互溝通、討論，並不斷對計畫修正以期達成目標績效的評估方法。MBO是管理者與組織成員間橫向溝通的績效考核、評估方式，組織設定的目標，並不似以往由上到下的縱向命令執行；組織成員在既定目標完成的工作表現，影響並非只有成員個人，同時也包含了管理者，達成預目標的結果，攸關組織所有成員（管理者、組織成員）。所以，管理者必須和組織成員，相互溝通清楚了解，組織成員在任務執行

的過程中，需要哪些協助？要做什麼樣的調整？才能提高自己的績效，同時也完成組織要達成的目標。MBO不但提供管理者一個評估組織成員工作績效的有效工具，也能帶給組織內部所有成員彼此相互激勵的作用，更能有效率達成組織共同目標，因此，目標管理被認為是評估組織成員績效表的最佳方法之一。

二、MBO目標管理Management by Objectives（MBO）

計畫包括四個主要步驟：

1. 目標設定

首先要規劃目標並加以確定，目標是指每個成員預期實現的結果，在目標設定中，管理者和組織成員一起參與計畫討論，並共同確立這些目標，管理者和組織成員也要建立共同完成績效目標的共識；組織各單位裡的每個人，也都要設定個人責任範圍預期達成進度，與組織計畫方向一致並行不悖，最終達成共同目標。

2. 設定績效標準

這個步驟的工作，就是將設定好的目標制定標準，在每個任務階段中，檢視並評估成員們在階段任務中完成了什麼？必須完成什麼？還有什麼是未完成的？以便在偏誤發生時（或之前），就能即時發現並立刻修正，發現計畫執行進度落後時（超前），了解原因，並隨之調整。

3. 比較

第三步驟要做的工作，是將已實際達成的績效與預期目標進行比較，這樣的比較可以發現實際完成績效與預期目標績效之間的差異，有助改善未來提升人員績效表現培訓計畫的設計。

4. 定期檢視並獎勵

MBO設計的定期檢視步驟，當計畫執行至第三步驟時，發現實際績效與目標績效出現誤差狀況的時候，就必須立刻修正差異，讓任務能持續依照原設定目標軌道進行，避免差異擴大最終無法達成目標；為激勵組織

成員士氣，並持續增強工作成就感與意願，就必須規劃有效且完善的獎勵制度並執行，目標達成後的敘獎，是根據計畫執行、人員表現的結果予以獎勵（預期目標達成）。

5. 設定未來規劃

　　所有計畫執行結束，結果有可能是既定目標被確實完成，但也有可能因為各種原因而未能達到預期；接下來新一個目標設定的內容，除了可以是全新的計畫，也能為之前沒有實現的目標找到改善的方法和戰略，再次努力。

三、MBO管理方式的侷限性

　　發生差異時就立刻找出方法解決，是MBO步驟執行的目的，在管理方法中是比較積極正向的方式，但是每一種管理方式都由其侷限性。

1. 無法設定非量化目標

　　目標設定必須是可量化的，對於抽象、不具體的目標無法有效被設定成目標。例如去年達成八百萬的營業額，今年設定績效目標是一千萬元，結果的達成是有實際數字可以比較，採用MBO計畫非常適合；若是設定今年的顧客服務品質要比去年更好，抽象感知的目標設定，就不宜使用MBO。

2. 操作執行耗時較長

　　MBO採取4個步驟，從目標設定到完成，中間的定期檢視會不斷在過程中進行，讓計畫中所有相關活動，能隨時修正朝著設定的目標前進；正因為這可能反覆進行多次的比較、定期檢視，同時也會增加目標達成的時間，如果設定的計畫完成有時間上壓力，就不適合採用這樣的方式。

3. 立場對立造成延宕

　　從人性的角度而言，錢多、事少、離家近的差事人人樂意，對於事多、錢少、忙不盡的工作，多數人是沒有意願的。所以要設定一個積極目標，從管理者自己的角度觀之，當然希望能達成的目標越高越好；但從另一個角度來看，組織成員往往不會如此認為，常常成為雙方本位主義的相

互較勁，也許從目標設定階段開始，就會因為彼此拉鋸無法達成共識，計畫因此延宕。

4. 良好互信基礎下進行

　　計畫的設計是由管理者與組織成員共同參與、討論，將結論規劃成預期要達成的目標；但有時管理者與組織成員間的互信不足，目標設定的規劃過程，管理者過多的主導或向上缺乏溝通管道，管理者和組織成員間態度敵對。所以，管理者與組成員相互信任基礎不足，不宜採用MBO當管理者獨自設定目標，要求組織成員依據MBO計畫方式達成目標，也不會有計畫執行後的預期效果。

　　⑴MBO目標管理的優點

　　　①有助工作任務進度的執行與評估。

　　　②可以了解到預期的角色和責任，給予組織成員努力的動機。

　　　③明確以工作績效為導向的評估、考核系統。

　　　④提供組織成員引導及諮詢。

　　⑵MBO目標管理的缺點：

　　　①不適用於所有性質的工作項目。

　　　②所有組織成員意見不同立場相異，很難對目標達成一致看法。

　　　③抽象、無形的狀態無法量化，如誠實、操守、紀律，但可能對績效表現產生影響。

　　　④操作耗時、複雜，執行時間冗長且花費較高。

　　　⑤目標的定義可能因管理者、組織成員解釋不同而產生歧異。

四、行為定錨評量法（Behaviorally Anchored Rating Scales BARS）

　　行為定錨評量法（BARS），是關鍵事件法和評級量表兩種績效表現考核、評量方法的結合（jadhav，2013），由美國兩位心理學家Smith和Kendall於1963，共同提出的一種績效評估法。Smith和Kendall認為，一個好的評量方法，調查數據結果的信度、效度必須兼而有之，顯現的資料

才具有參考價值，考核、評量程序是否正確，關乎結果的有效性；所以，被考核者也必須參與考核績效的影響因素的認定，將這些關鍵影響行為，作爲建立行爲表現程度標準的量表並且加以觀察紀錄。行爲定錨評量法的分數是由組織成員的關鍵（有效或無效）行爲來定義，BARS通常由5到9點組成，每個點所代表的是各個績效項目，而這些績效項目的有效或無效完成，都會有一段連續型的描述。執行BARS前，必須將過程與步驟先行建構：

1. 列出與工作績效有關所有重要關鍵因素（Key Effects）。
2. 列出影響工作績效的關鍵因素，從設定的標準中描述這些關鍵因素有效和無效行爲程度。
3. 適當歸納影響績效的有效和無效行爲。

　　量化並分配每一個因素影響行爲的數值，例如差、略差、普通、好、優給予1、2、3、4、5相對應的數字代表。可以歸納爲以下幾個步驟：

1. 透過關鍵事件分析，將這些分析後的結果，轉換爲可量化績效標準的方法。
2. 參考可用有效和無效工作績效表現行爲樣本。
3. 將績效標準從1點（得分）開始，將要考核的項目，與（差、略差、普通、好、優）相對應的得分標示。
4. 使用比例錨點對組織成員的工作績效進行考核。

　　例如圖5-5是指績效表現極度不佳、2是指績效表現非常差、3是表現略差、4是普通（不好也不壞）、5表現略好、6表現好、7是表現非常好。

1. 行爲定錨評量法的優點
　　(1)利用具體行爲或簡單例子，描述說明每個階層所代表的行爲績效表現程度。
　　(2)有助考核者了解具體的工作中，關鍵因素影響績效表現的有效或無效行爲。

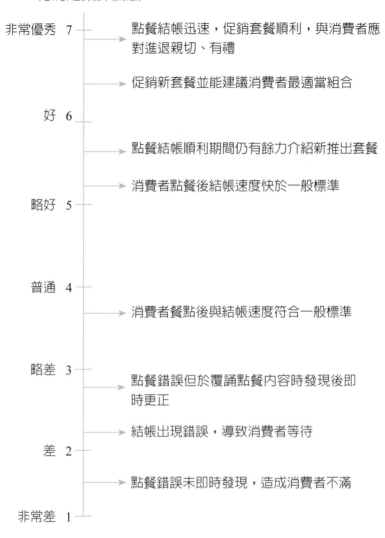

行為定錨評估法

非常優秀 7 ——	→	點餐結帳迅速，促銷套餐順利，與消費者應對進退親切、有禮
	→	促銷新套餐並能建議消費者最適當組合
好 6 ——		
	→	點餐結帳順利期間仍有餘力介紹新推出套餐
略好 5 ——	→	消費者點餐後結帳速度快於一般標準
普通 4 ——		
	→	消費者餐點後與結帳速度符合一般標準
略差 3 ——	→	點餐錯誤但於覆誦點餐內容時發現後即時更正
差 2 ——	→	結帳出現錯誤，導致消費者等待
	→	點餐錯誤未即時發現，造成消費者不滿
非常差 1 ——		

圖5-5

　　⑶管理者和被考核者必須共同參與，有助於減少績效考核過程，因管理者主觀或效應所造成的錯誤判斷。

2. 行為定錨評量法的缺點

　　⑴每個工作項目都需要單獨的建置BARS階層，時間及花費成本高。

　　⑵行為觀察後的描述容易出現偏差，影響結果的有效性、穩定性。

(3)針對不同項目的關鍵行為就必須設計相應的BARS表格，管理不易。

五、行為觀察法（Behavioral Observation Scales，BOS）

行為觀察法是Gary P. Latham和Kennethe N. Wexley在1981年提出，行為觀察法又稱行為觀察量表，與行為定錨評量法類似，行為觀察量表之所以被開發，是因為圖形評量法和行為錨定評量法（BARS）等方法，都容易受到管理者對被考核人員主觀感知的影響。行為觀察量表（BOS）最主要的目的，並不是要評估被考核者的工作績效表現，是要檢視被考核者行為表現的頻率；是將人員在特定時期，發生的關鍵事件的頻率分級並量化，也就是說，行為觀察量表列出某些行為（影響關鍵績效的有效行為）所發生的次數，並根據被考核者這項影響績效關鍵行為發生的次數，來判斷人員表現。

1. 行為觀察量表法的優點
   (1)回饋效果佳，結果具有效性（信度、效度較高）。
   (2)由被觀察到的行為次數作為評估依據，與行為發生事實接近且較客觀。
   (3)藉由觀察與工作績效表現相關行為，將結果用於組織成員績效分析較具有適當性。

2. 行為觀察量表法的缺點
   (1)時間、成本花費較高。
   (2)要觀察行為發生的頻率，管理者對被考核者不可能長時間觀察。
   (3)頻率發生次數的多寡，並不代表是直接影響結果的重要關鍵。
   (4)行為觀察量表法強調行為表現，關注的是被考核者的行為，並非注重實際結果的產出，會忽略真正需要考核的重要因素。

六、心理評估法（Psychological Appraisals）

為了了解組織成員的潛力及未來發展性，心理評估法是多種績效評估方法中，較能真實表現心理狀態，評估過程的方式是由不同類型的測試組成：心理測驗（Psychological Tests）、深度面談（In-depth Interviews）、心理專業人員與被考核者進行討論（Discussions with Supervisors）；就被考核者與工作績效有關的動機、情緒、能力特質，執行相關的測驗與評估（性向測驗、智力測驗、人格測驗等），結果所產生的資料，將可做為組織成員未來表現預測的依據。

1. 心理評估法的優點
   (1)心理評估法更關注員工的情感、理性、動機和其他個人特質，對他們的工作績效的影響更深、更廣。

2. 心理評估法的缺點
   (1)執行費用高。
   (2)心理測試過程緩慢費時。
   (3)心理評估法的品質，取決於執行評估的心理學家的素質。
   (4)由於評估結果會對人員產生長期影響，執行過程必須謹慎。

七、評估中心（Assessment Center）

在第二次世界大戰期間，德國軍隊為了要在軍隊中選擇適當的人員，而採用了這個方法並任命心理學家Max Simoneit進行評估測試；對被考核者具備的職能、適合的工作做出正確判斷（Highhouse，2002）由幾位專業心理學家在過程中密切觀察被考核者並對其進行評估，評估後的結果除了用來選擇適當人員外，也能用於人員未來培訓發展的參考依據（Gaugler, Rosenthal, Thornton & Bentson，1987）。

適用執行在人事決策上，推斷個人潛力的時候評估，評估被考核者個人的工作相關特徵（Prien, Schippmann & Prien，2003）。評估中心在績效管理考核應用時，並不專注於組織成員的工作績效表現，大多應用在選擇晉升人員考核，尤其對經理級以上的人員晉升；評估中心的考核分析

結果，對於人力規劃與職務升遷的決策，具有一定的參考價值。此法由管理者及其他參與評估考核者，藉由共同參與的活動，一起對被考核者進行評估，能經由會議、口頭報告、面談等觀察，確實了解被考核者，與下屬間溝通、領導能力，分析、解決問題的能力、目標規劃、決策的能力。利用評估中心方法，可以測知被考核者是否有該項職務應具備的特點，如自信、表達能力、溝通能力、規劃和組織能力、抗壓性、決策力、對環境變化的應變能力、行政能力、創造力等，都是擔任組織高階管理人必備的特質。

以下說明幾個評估中心方法在人力資源管理（Human Resource Managment）可以發揮的功能（Bohlander & Snell）：

1. 招募適當人員（Recruitment）

任何組織在穩定運作的狀態下，都會因為業務發展需求，或是組織內人員變動，而有招募人員的需求與必要，人力資源部門就必須吸引人才，使其進入組織的所有職位（Rynes & Cable，2003）；組織也必須在許多應徵工作者中，選擇或是拒絕前來申請、應徵該項工作的人（Gatewood & Feild，2001），應用評估中心會有助於組織識別，特定的工作職務誰是最適合的人。

2. 人員資源規劃與配置（Human Resource Planning & Placement）

評估中心的應用，可以有效的預測組織中各部門未來特定工作職能、知識、技術的需求，並確定當前員工中這些技能的供應（Heneman & Judge，2003）。人力資源部門在招聘管理新進人員的計畫中，採用評估中心方式，不僅能選擇具備該工作特質的人，同時也將適當的人選放置在最適合的位置（Bentz，1967）；每個工作職務都有其應具備的職能，人力資源在理想情況下，人員的配置要將適當的人選放在適當的位置，才能適才適用發揮人盡其才的最大效益。

3. 訓練與發展（Training and Development）

評估中心適用於了解、判斷人員的缺點，並且對這些工作上的缺失，提供相關技能的訓練（Lievens & Klimoski，2001）；訓練與組織發展的

關係密不可分，可以強化人員工作、職務上相關的專業能力，有效運用工作所需的知識、技術和能力（Salas & Cannon-Bowers，2001），提升工作績效、增加效能，當然就能促進組織發展。組織發展是指一系列部門或整個組織有效改進善的過程，許多組織使用評估中心作爲促進組織發展的工具（Iles & Forster，1994）。評估中心用於選擇最合適的候選人，這個方法也可以作爲大規模組織重組，或設計目前尚未存在組織中的職務（Thornton & Cleveland，1990），評估中心也可以運用在，爲因應未來組織發展各單位、部門管理者能力的選擇與判斷。

4. 績效考核（Performance Appraisal）

在大多數組織管理中，主管每年或是定期都必須提供績效評估，以供人事單位、部門做爲獎懲考核的依據，也是組織需要評估人員工作能力表現的一種手段；在類似組織績效考核的應用與執行結果，評估中心已證實可以有效的判斷，被考核者是否具備執行該項職務所需技術與能力（George C. Thornton & Rup，2006）。

5. 職務升遷與轉換（Promotion and Transfer）

許多企業、組織都曾使用過評估中心，來評估個人在管理職位上是否具有這樣的潛力，在類似的高級管理人員潛力評估計畫中（Ritchie，1994），得到相當正向的回應。評估組織成員是否適合被賦予更高階級的職務，可以擁有更高的權力並擔負更多的責任；以及是否具備原來職務所需特質外，也符合轉換新工作所需的能力及特質，利用這樣的方法都能獲得有效的評估。

6. 裁員（Layoffs）

當組織因經濟大環境原因，必須減少其勞動力或結構變化組織瘦身，以便儲存能量必須要執行裁員計畫時，執行計畫者要留下誰？資遣誰？都可能是非常艱難的決定；要避免因爲太多情感或其他主觀因素影響，應用評估中心的方式，評估每一個人的工作績效和對於組織的貢獻能力，對組織未來持續發展而言才會有益，也爲組織成員提供公平的機會，避免未來可能衍生的勞資問題。裁員決策根據組織成員的資歷，和歷年主管或管理

單位對其現在工作的績效評估，若加入評估中心實施過程後的分析、判斷，會使裁員的過程比較客觀、公平（Cochran, Hinckle & Dusenberry，1987）。

1. 評估中心的優點
   (1)執行基本概念並不複雜，執行操作上可靈活運用。
   (2)根據組織成員發展需求，有助管理者評估人員晉升選擇及決定。
   (3)可同時觀察被考核者多項特質，判斷是否合乎職能需要。
   (4)考核方式可靠性、有效性都很高，也能對未來績效有更準確的判斷。

2. 評估中心的缺點：
   (1)是一個需要耗費大量人力、時間成本的考核方法。
   (2)單一次的評估，只能對一個或少數人員進行考核，並且難以管理。

八、360度評量法（360-degree appraisal）

在績效評估制度中，運用多元評估對被考核者進行績效評估，包含受評者自己、上司、部屬、同儕、供應商及顧客等，結合了績效考核與調查訊息回饋，是一種多元角度檢覈的績效回饋的方法。360度評量適用在評估組織人員的能力，有利組織為每個職務找出最適當的人力，也能對適當人員進行管理職務的養成，根據被考核者優、劣勢分析，評估未來發展的可能性。360度回饋法顧名思義，以被考核者為軸心畫圓，360度範圍涵蓋所有相關意見回饋者，考核意見和評估訊息來自被考核者的上司、下屬或同事。評估訊息是以360度的方式收集，全方位的提供相關訊息，這種績效考核工具，收集許多不同觀點的意見回饋；回饋意見可能來自管理者、同事、或是與被考核者因為工作而有接觸並互動對象的看法或意見（Lotich，2011）。（如圖5-6）

360度評估法是考核、評估組織成員工作績效的一種方法，90年代時興起於美國，360度評估法認為組織成員的工作績效表現，涉及工作場所有存在的影響因素；這些影響成員工作績效的因素可能是主管、同事、服

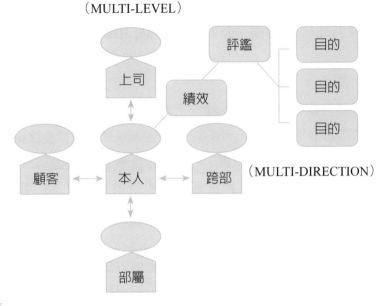

（MULTI-LEVEL）

（MULTI-DIRECTION）

圖5-6

務的對象或家人。考核人員對這些影響工作績效表現因素（主管、同事、服務的對象或家人），提出許績效表現相關的問題，並且記錄他們的回饋與意見；根據所有紀錄資訊和收集的資料匯集成評估報告，讓被考核者從評估報告結果中，了解造成其工作績效不佳的因素為何？並就如何改善而能提高績效的意見、想法，相互溝通。考核資料及訊息從四面八方收集而來，所以，360度方法被認為是考核、評估組織成員績效的最有效的方式。

　　將消費者或投資者以及其他工作夥伴（上級、下屬）的視角，對被考核者進行更強烈、更個人化，也更有力的評價；從各方面對人員的績效進行評估，並在有效時間內提供回饋，以確保被考核者能夠在下次評估之前實現既定目標（Anupama etl，2011年）。360°評量法的執行有其侷限性，因為評估訊息資料來源多元，所以這些提供訊息對象的回饋非常重要，如果沒有意見回饋，資料本身就不具太大的參考意義。

1. 360°評量法的優點
   (1)多元意見有助於組織內部的溝通，相關人員都能表達意見，讓所有的聲音都被聽見（Kettley，1997）。
   (2)執行過程因採納多元意見，能確保結果較為公平，多個角度收集的資料全面，回饋意見多元，使得考核結果更有效、客觀（Ward，1997）。
   (3)提高自我意識，努力自我發展，透過多元意見回饋，被考核者可以獲得更多人格特質與能力的分析，了解個人競爭優勢，有助未來工作規劃。

2. 360°評量法的缺點
   (1)執行過程耗時複雜且費用高。
   (2)負面評價及訊息，真實性無法有效證明。
   (3)對於負面評語和意見提供者的意見，資訊來源沒有妥善管理（不記名、匿名、代號），可能引起被考核者的敵意。
   (4)360度回饋系統執行技巧複雜，需要經較長時間訓練。
      各個角度得評估各有其功能：

1. 90°員工評價自己，了解自己的劣勢和優勢。
2. 180°組織成員的自我評估，及管理者考核（自己與主管或考核者）。
3. 270°員工由三方評估，被考核者的自我評估、工作同事和管理者。
4. 360°被稱為「多方」回饋，員工績效的回饋來自、同事、消費者（或來往供應商）、下屬和員工本人的自我評估。
5. 720度評量法，以360度評估方法執行兩次，第一次360度評估對被考核人員的績效表現進行分析，並給予回饋，第二次則由管理者給予實既定目標的回饋和提示。
6. 720度的回饋往往集中在最重要的事情上，那就是消費者或投資者對其工作的看法。

九、成本會計法（Cost Accounting Method）

　　成本會計法，是評估組織成員的工作績效，在成本會計效益評估下，對組織產生貢獻的多寡來判斷，這個方法評估績效以成本角度出發，根據人力資源對組織的成本和績效貢獻來判斷，包括招募人員費用、人員訓練支出、在職訓練和人員薪資報酬等等費用（Aswathappa，2013）。

　　這個方法是根據成員對其組織所創造的收益來評估員工的績效，收益高然就表示績效好，反之則否（Cascio，2000）。成本會計評量法根據組織成員在組織中所創造的收益來衡量績效，成員在組織所產生的成本和其所創造的收益之間的關係，管理者根據這樣的關係判斷成員的績效表現。

　　因應市場開發和變化，服務相關業務的人力資源開發明顯增加，以成本會計方法評估績效的管理運用，其目的是要透過計算相關人力資源，對於組資本投入後的效益和投資報酬率的評估，能了解人力資源投入的有效性（Fitz，2002；Boudreau et al.，2003）。人力資源單位在執行成本會計法評估績效時，考量的相關項目包含：

1. 管理者考核組織成員，過程中所花費的時間成本。
2. 生產的商品和傳遞服務過程，和維持品質所產生間接費用（電費、水費、運輸燃料費、設備維護費等）的平均值，商品、服務生產過程的單位成本。
3. 因生產過程產品品質出現缺陷，生產工具和設備的耗損折舊。
4. 因工作業務推展必須許往來廠商或客戶間關係經營所產生的費用等。

　　用實際支出的成本數字，量化組織人員的工作績效表現，而沒有注意其他可能更關鍵的人因影響，用這樣的方法考核人員績效時，可能會與組成員的實際工作績效表現發生極大落差。

1. 成本評量法的優點
   (1)提供明確的人力成本分析，有助未來人力資源規劃與投資。
   (2)了解人力資源是否有被充分利用，或是有閒置人力的浪費。
   (3)清楚分析各項財務成本分布，人力資源配置更能有效執行。

2. 成本評量法的缺點

(1)人力成本的價值往往不易被量化評估（誠實、紀律、道德）。

(2)大部分的人力資源成本並不能被明確劃分、歸納。

(3)組織成員對評估結果可能產生疑慮。

第六章

服務品質管理實務策略

服務是無形、抽象的，看不見的也摸不到，在服務被使用之前，消費者無法真正對品質進行評估。服務提供者傳遞服務的過程，必須要減少影響消費者服務品質感知不確定因素的發生，取得服務製造和傳遞時所需的有效資訊（Siehl & Bowen 1991），第一線服務人員服務傳遞服務過程時的整體表現，如人員的專業、儀態、禮貌缺一不可，你可以不在乎這些無形的因素，但當消費者因為這些代表組織或品牌象徵的表現不佳，產生抱怨或不滿時，為弭補或改善服務品質，後續處理的時間、費用支出可能數倍於在最初就對品質維護所投注的花費。

另外，服務、商品與消費者有不可分割的特性，也就是消費者在服務傳遞過程中無法與商品、服務分離，服務人員接觸消費者是服務過程中不可分割的特點。服務人員與消費者接觸過程中，要具備溝通、談判或消費者關係經營的技巧，因為藉著溝通聯結才會有互動與回饋；消費者也能在這個過程中，觀察服務提供過程的品質，包括重要的人際關係溝通、語言能力的表達。語言表達又有口語能力和肢體語言行為，語言表達造字用詞不夠精確，可能引起對方誤會或產生衝突；肢體語言行為的不恰當，會造成接收訊息者對表達方要傳遞的意思造成歧義和不確定（Ekman & Friesen，1974）。

再者，服務的異質性和可變性使得品質的問題變得複雜，尤其當商品主要內容與性質是提供消費者服務時，維持服務品質標準的穩定，就不像其他有形商品的品質水準容易掌握，因為服務人員每一次任務的執行，接受服務的對象並不相同。即使有明確的服務流程設計與操作標準，服務人員也可能無法在長時間的工作執行，還能保持服務品質的一致性；因為服務傳遞的雙方（服務人員、消費者），都有可能因為許多因素（情緒、環境、身體）影響，對規範的服務品質可能無法滿足或因需求不同適時調

整。消費者也會因為之前經驗影響，或面對不同的服務人員的感知差異，對服務品質的的判斷產生變化，也正是服務異質特性讓品質問題之所以複雜的原因。

　　最後服務的不可儲存性是所有服務提供者都關心的問題，如果提供服務期限內未使用服務，服務的價值就會消失，也無法儲存。例如飛機起飛後，沒有賣出去的空位就無法創造價值，對於航空公司來說是一個無法收回的成本；因此，組織通常會考慮將成本降至最低或提供服務的增加靈活性，來解決服務無法儲存所造成的成本浪費。但管理這個過程的使用的方法，必須注意低價、削價競爭對原有服務品質產生的影響。

第一節　服務品質與消費者管理

　　服務品質要能滿足消費者要求，這些要求必須包括可用性、交付性、可靠性、可維護性和成本效益性等各種廣泛實際的功能。要做的努力是找出消費者要的是什麼？服務提供者必須建立一個行銷模式，找出滿足消費者品質需求的設計與流程規劃；在行銷服務之前不僅要了解消費者的需求，還要評估組織本身滿足這些需求的能力，可能提高品質、可能是降低售價，在提供的商品、服務性能、價格比例間調整，簡單的說就是消費者認為的CP值。站在消費者的角度，CP值越高越好，但對於服務提供的銷售方而言，必須要能滿足一定得獲利跟營收，才有可能在可能的範圍下，盡量滿足消費者；如果在沒有獲利的的情況，要組織增加支出，增加能力範圍可及的消費者服務需求，在實際執行中有一定的難度。

　　就像廉價航空機票的策略，與傳統航空公司做出區隔，就是將機票價格壓低，減少機上原有提供服務以降低成本，才能在較低的售價中爭取一定的獲利；所以購買廉價航空機票，仍要求獲得傳統航空公司一樣的服務，現有的狀況不可能達到。另外，消費者的消費習慣與消費行為，也會跟著時間的改變隨變化，消費者關係管理的目的，就是要藉此觀察並掌握消費者對服務品質要求的變化。

一、分析服務品質時可能產生的障礙

1. 問題缺乏可見度

　　服務品質的問題並不總是清晰可辨的，因為大多數的消費者對品質不佳的感知，可能發生在第一次消費時；這樣的狀況發生，會降低百分之二十五的回購率，而只有百分之四的消費者會提出不滿或抱怨，也因此讓商品、服務提供者無法確實有效掌握品質發生問題的真正原因。

2. 具體問責制的困難

　　消費者對服務品質好、壞的整體認知，受到服務傳遞過程中不同階段經驗的影響，這樣的影響常常互為因果，消費者的抱怨許多時候是因為不滿情緒，因為累積到一定的程度後的心理狀態表現，所以很難將品質問題歸咎到服務傳遞過程階段中的特定人、事、物。例如搭乘客機旅客登機前劃位時，因為行李超重而被加收超重費，因地勤人員未通融仍按規定收取費用而不開心，但這樣不愉快的情緒可能持續到登機後，若機上餐點的選擇無法滿足旅客需求（想吃牛肉卻只剩下雞肉），這樣不滿情緒可能加成而引起客訴；因此，要釐清真正引起客訴的原因實在不容易，類似造成消費者不滿的案例有很多，造成無法有效達成實際問責的狀況。

3. 提高服務品質需時間

　　改善服務品質的問題不太可能短時間解決，因為服務品質提升取決人的改變，不僅是系統和程式的重置，或是相關服務的重新設計，往往需要花費較長的時間進行；態度和行為的改變更需要時間，所以當服務品質發生問題時，過程標準化的訓練，服務人員積極正向服務態度的改變，都需要一段時間調整、觀察後，經過比較、對照才能知道品質是否已然改善。在實際狀況中，組織管理者常常囿於時間、績效的壓力，會要短時間看到改善成果，因此忽略問題發生的真正原因，讓問題持續存在無法有效提升品質。

4. 服務傳遞過程的不確定性

　　由於傳遞服務者提供服務過程的不確定性，增加服務品質的控制的變異，就會是影響品質提升的阻礙因素。例如一線服務人員提供服務時的身

體與精神狀況，病痛、情緒、動機等多種因素；過程中的不可抗力因素，例如，因突來的大雨而被迫停駛的交通運輸業，無法確切掌握繼續行駛的時間引起的不滿，服務傳遞過程中諸多原因造成的不確定因素，分析、掌握不易，但都會對服務品質造成負面影響。

二、收集消費者需求

　　服務業常常會記錄消費者需求，但消費者需求會因為市場變化、市場競爭致消費行為改變，計畫過程中必須根據新的消費者需求做調整，頻繁地檢查消費者市場變化，並按照優先順序制定計畫。收集消費者需求的方式包括：

1. 人員需具備消費者服務相關專業能力，提供人員必要相關專業知識、技能的學習。
2. 消費者商品、服務的體驗感知數據收集，鑑於消費者感知多半是主觀、抽象的，所以必須利用一些可量化工具，將消費者感知數據化、標準化，便於分析。
3. 消費者拜訪著重觀察與對話溝通，了解商品、服務的使用，對於消費者使用習慣，是否需要調整或改善？了解消費者對於品質及相對價格的接受度為何？及需要提供什麼樣的售後服務等。
4. 定期訊息交換溝通、追蹤消費者抱怨事件、處理消費者抱怨，並保持訊息溝通。
5. 模擬所有與消費者相關的計畫與執行步驟，例如，試賣、試營運在其間收集消費者需求訊息。
6. 消費者調查，焦點團體調查、市場調查與研究，並收集專業、權威研究數據。
7. 收集競爭者商品、服務的詳細資料，作為它山石，分析相關領域產品競爭力其他競爭者比較。
8. 了解主管機關法規與最新訊息，避免違反相關規定，發現更多新的發展機會。

三、消費者關係管理

對服務業而言，消費者關係管理，是贏得消費者信賴和提升消費者再購率和忠誠度的有力工具，也能因此創造企業、組織的價值；也就是組織以消費者導向收集消費者訊息，設計消費者想要的商品或服務，加強與消費者之間關係的維護，並對這些支援活動的績效加以管理。消費者關係是指組織與消費者建立經營的關係，會隨著時間的變化而改變的一整動態行為；F.Robert Dwyer、Paul H. Schurr、Sejo Oh等人根據Scanozonivul（1979）關係發展的五階段模式，加強解釋消費交換過程中雙方（消費者、商品、服務提供者）關係互動的五個階段：了解（Awareness）、探索（Exploration）、擴展（Expansion）、承諾（Commitment）和退出（Dissolution）。

1. 了解（Awareness）

是指關係雙方的了解與注意，組織對消費者展現關注，必須去了解對任何一個可能成為夥伴關係（消費者）的訊息。

2. 探索（Exploration）

調查和測試消費者的能力和表現，購買行為測試，若測試結果無法滿足消費者需求，可以結束消費者關係，降低成本支出。探索階段又可分為五個步驟，包括吸引力（Attration）、溝通（Communication）與交涉（Bargaining）、發展（Development）與執行（Exercise）、發展規範（Development of Norms）、發展期待（Development of Expectations）。

3. 擴展（Expansion）

擴展是彼此相互依賴程度增加的階段，這個階段消費者回頭購買次數增加，並且對購買的商品、服務的品質信任度增加。

4. 承諾（Commitment）

承諾與信任也是建立消費者關係最關鍵的因素。承諾代表一種穩定、長期的關係，努力維護持續的夥伴關係是很重要的，這一階段是對彼此角色與任務間的互惠，更加適應與了解，購買流程更為熟悉，組織注重消費

者關係管理，消費者承諾會增加；但並非所有消費者關係都會進展到彼此承諾階段，在此時可能因為組織提供商品、服務不再能滿足消費者需求與期待，消費者單方面結束彼此的合夥關係。

5. 退出（Dissolution）

這一個階段代表雙方合夥關係的結束，造成關係結束的原因有許多，除了上述消費者對於商品、服務的需求和期待的改變外，有很大部分的原因是，商品、服務提供的過程出現服務認知差距，服務差距會產生抱怨，抱怨處理技巧不佳導致二次抱怨，因此消費者最終選擇退出最初的合作、互惠關係。

四、消費者抱怨處理

消費者抱怨是服務業必須重視的議題，消費者抱怨可能代表服務品質不符合消費者需求或期待、服務傳遞者（第一線服務人員）的專業職能不佳、消費者抱怨處理不當，而最常見的原因是消費者抱怨處理不當，消費者二次抱怨，使得原來的問題被忽略，消費者因為二次抱怨中，多了更多情緒性的因素，會讓抱怨處理變得更複雜。大多數的服務業，會要求第一線服務人員將消費者抱怨的原因、處理過程、處理結果紀錄後彙整，做為日後的cases study的學習素材，也是一種讓服務人員學習處理消費者抱怨的有效方式。

1. 重視賦權

組織管理者通常忽略了一個重要的問題，要第一線服務人員處理消費者抱怨同時，卻不提供相對的支援，就像又要馬兒好，又要馬兒不吃草，的確強人所難；當第一線服務人員面對抱怨處理時，若沒有組織賦權，很難有效、即時的對消費者做出相應的承諾，若成為二次抱怨，後續的問責多於支持，就會使第一線服務人員消極面對未來可能發生的抱怨處理，實非組織、企業的管理者所樂見。我們之前提到對於中、低階主管的賦權，就是第一線服務人員處理消費者抱怨的有效支援，立即、有效的處理問題，提高消費者滿意度，創造消費者忠誠度。

2. 人員支持

　　大部分的服務業，都有一種顧客就是神（Customer is God；Customer is King）的觀念，開門做生意，講求和氣生財，沒有道理跟上門的消費者過不去；但這樣的原則只適用於一般消費者，對於一些少數不理性的消費者的行為，就因該有相應的措施預防，避免服務人員面對實際狀況時，除了忍耐再忍耐，就沒有更好的處理方式。服務人員在面對不理性消費者時，過程也許讓人覺得委屈，但組織管理者的處理結果可能更讓人心寒；組織不提供組織成員強有力的支持，要和員工談向心力、成就感或一起為組織打拼，那就說明管理者與員工是兩條平行線，永遠無法有交集。美國西南航空的第一線服務人員的工作成就指數，是航空服務業中的佼佼者，原因無他，CEO強調的員工第一、顧客第二的組織文化，讓許多從事航空服務業的從業人員都羨慕不已；他深知，組織成員必須公同努力，組織才能夠發展，將組織視為一個大家庭，所有成員視如家人，工作中給予最有力的支持，才能成就西南航空今天的規模和員工的向心力。

五、維持服務品質的原則

1. 進行人力需求評估

　　需求評估，也就是人力資源對人力需求的評估與計畫，所有公司、企業、組織在決定投入市場前，這一步驟是絕對必要的；因為組織隨著時間的變化，提供消費者商品、服務的品質，也會跟著新觀念的內化產生質變，人員招募、訓練勢必也要在維持服務品質的基礎下進行。一個能維持品質的有效人力，不會在短時間內輕易獲得，執行商品、服務傳遞人員的人力需求、規劃是否符合實際運作需求，都必須要在需求評估階段做好準備。

2. 建立專業訓練

　　消費者服務訓練是一種可變、持續的專業應用技能，組織成員所接受的訓練必須為消費者服務做出積極貢獻；執行專業訓練目的，要使所有接受訓練的服務人員，面對不同的消費者時，能維持相同的服務水準，遇到

消費者抱怨時，也能在面對不佳情緒的氛圍中，處理過程不失專業。

3. 定義接受訓練的對象

　　服務業組織所努力的目標，就是爲了將商品、服務的品質提升到能滿足消費者需求，組織中的所有單位、部門執行的任務都與此一目標息息相關，所以接受消費者服務訓練的人員包含第一線的服務人員、客服人員、中階執行主管維修技術人員等，舉凡組織中所有與消費者服務相關單位、部門，在明確定義必須接受訓練的對象後，接受相關課程的學習。

4. 開發和設計課程

　　根據組織特性及需求，設計相關服務訓練課程，課程領域應包括如何有效解決衝突及溝通訓練，如：服務人員傾聽、同理心、適當的口語表達等訓練課程；課程以實際操作不斷演練，角色扮演（服務人員/消費者），不斷反覆實作練習後，以小組討論方式提出缺失進行修正。

六、服務訓練計畫的原則

　　依據組織專業特性，設計符合本身需求的服務訓練課程，根據組織量身打造的服務訓練計畫。

1. 尊重和禮貌對待消費者

　　禮貌是服務訓練課程的基本元素，並在服務領域既定原則和標準操作範圍內保持彈性（因爲服務的對象是不同樣態的消費者），爲消費者提供正向、愉快的的體驗；提醒第一線服務人員在服務傳遞的過程中，要確實提高服務品質，消費者體驗的每一個細節都值得重視。減少消費者與服務提供者產生矛盾的因素，任何針對問題解決的正向思考，都會減少消費者的不滿情緒，組織的品質概念透過對組織成員的訊息傳遞，鼓勵服務人員主動了解消費者需求，超越消費者的期待的作爲，對消費者體驗感知會有正向影響。

2. 面對問題，化阻力爲助力

　　消費意識抬頭是提升服務品質的重要推力，但也有越來越多的不理性消費者，在這過程中會提出不少讓服務人員不知如何回應的要求，讓服務

傳遞人員與消費者產生對立情緒，甚至消極、逃避；負面情緒增強，無助於問題解決，組織要成為一線人員最有力的支持者，培養組織成員積極、正面處理問題的態度，良性循環處理問題的訓練方式，必定能提升消費者的好感度與滿意度。

3. 組織應重視所有回饋意見

組織應接受所有消費者訊息回饋，不論訊息回饋正面和負面與否，對於正向鼓勵要繼續維持，對於消費者負面、不滿意見，要作為組織的改善、進步的動力。管理者對於消費者不滿與抱怨不應忽視，對於解釋問題時應秉持客觀立場，不宜有對立或過於情緒的反應。

七、7 P Service Marketing服務行銷模式

組織利用各種服務品質的戰略在消費市場上相互競爭，能成功脫穎而出者，多半非常關注其服務品質的整體表現，為組織成員提供訓練，人力資源政策和薪酬獎勵等相關的投資，所有努力就是為了提升服務品質。因為組織成員的行為可以直接影響服務品質，他們代表組織，將所有部門對品質做出的貢獻，轉化為對消費者的服務。

Bernard H. Booms和Mary J. Bitner根據E.Jerome McCarthy較早提出的行銷理論，於1981年進一步提出服務行銷組合，將最初的組合模式從4個元素擴展到七個元素，因此也稱為7P模型或7 Ps of Booms and Bitner。7P這種服務營銷組合可以應用於服務和知識密集的消費市場。

1. 商品（Product）

組織先確認商品和服務的組合，是否符合當前市場目標消費客群的需求，商品型態包含有形和無形，對於服務性商品的提供，其特性是無形的、異質的且不易保存，服務的生產和消費是不可分割的；因此，可以根據消費者個別要求設計服務，也就是所謂的客製化，對消費者個人能產生不同的意義。正因為服務無形性與抽象感知的特性，服務商品的開發，必須以消費者導向思考，如此設計出來的商品，對消費者才會產生意義並形成價值。商品是提供消費者服務的核心，必須要能滿足消費者的需求，如

果在傳遞服務的過程中，影響商品品質的任何一個環節出現瑕疵，都會影響消費者感知。

2. 價格（Price）

價格通常被認爲是品質的同義詞，同樣是手機，價高者往往代表著高品質，反之亦然；但服務的抽象與無形，價格成爲實際體驗服務後的判斷的重要因素，服務預期與服務感知差距，決定價格是否合理。消費者可以特定的價格購買一項A商品或服務，如果相同性質的B商品或服務價格高於A，消費者有絕大部分不會接受B商品或服務的價格；價格對消費者的滿意度有很大影響，價格高代表期望值更高，若是服務品質與價格期待差距甚大，消費者多半不會有再購意願。價格的制定也有一定的準則，服務商品制定價格時必須根據服務特性，作爲價格定時的參考。服務有無法保存的特性，例如航空公司的機票價格也因爲淡、旺季有不同，年節返鄉、旅遊旺季，機票價格高也一位難求；飯店住房的價格訂定，平日與假日就會有差異，服務提供者鼓勵消費者平日住房，就要有吸引平日入住的價格誘因。服務價格的訂定必須將需求高、低不同的因素納入考量，除了在淡季、平日鼓勵消費，也能將消費者需求延遲，讓是飯店餐廳提供的餐券，就具有這樣的功能。另服務具有不可分割的特性，服務的價格對於消費者而言，代表的是品質和價值，提供的服務商品在市場中，其他同質性的商品較多，價格的定位就必須以市場或消費者導向考；若提供的服務商品，在市場中已做出區隔並具有獨特性，服務的品質就是價格訂定的依據，也就是爲什麼類似HERMES的包包、皮件，價格高得讓人不敢接近，但仍有許多人得排隊等待才能買到他們心中的夢幻商品。服務是無形、抽象的，但輔助組合的有形設施成本，必須在訂定服務商品價格時加入的計算成本。

3. 銷售推廣（Promotion）

銷售推廣在可能的目標（消費者），對不熟悉的商品、服務增加識別度有其正面效果，銷售推廣可以提供服務（品牌）認可，並進一步建立信任，評估潛在消費者的需求與喜好。現在有許多不同的銷售推廣工具經常

被使用，如社群網路中隨頁面搜尋跳出的廣告，知名人士的代言活動，或是異業結合的商品促銷（牛奶盒上印著XX路跑活動的訊息）。由於服務產品可以輕鬆複製，銷售及商品的推廣在消費者心目中區分服務產品就變得非常重要；例如，類似服務商品、服務的提供者（例如航空公司和特定信用卡公司或保險公司合作業務），大多會採用類似的方法推廣商品的銷售。

4. 地點（Place）

商品、服務的提供者可以在許多不同的地方以直銷、電話銷售、網路銷售或實體店舖，或使用這些形式中的一種或多種組合等方式；但是，不管是選擇何種方式銷售，組織管理者都必須要為消費者提供最佳購買位置或地點。前面提到價格是影響消費意願的主要原因，而地點的對於消費者距離的遠近，也是造成消費意願高、低的影響因素。即使價格非常具有競爭力並具口碑、品質都非常好的商品，若是因為消費地點距離太遠，也會因為取得不便而打消購買念頭。由於服務生產與提供同時發生的特性，服務也不能儲存或保留，服務提供者必須特別考慮提供服務的位置。親自體驗感知是服務的特性，餐廳、髮廊、百貨公司開在深山野地，絕對無法正常經營並穩定獲利，服務提供的地點更貼近消費者，意味著可能有更多的消費人群及購買力。

5. 人員培養（People）

商品從生產到銷售，是集所有人的參與和努力而完成的，服務與提供服務的人向來不可分割，沒有傳遞服務的媒介，消費者就無法真實體驗服務強調的品質。服務人員在服務業的運作中扮演重要角色，角色儘管重要，也是在1970年代後，組織管理漸漸成為顯學後，才將其概念導入組織管理中被研究，培養並訓練積極、主動的服務人員，成為現今服務業管理者重要的任務；Judd認為傳遞服務人員是組織面對消費者的代表，人員面對消費者前，如果沒有接受完整的訓練，就無法有效傳遞組織對消費者服務品質所作出的承諾（Judd，1987）。例如標榜有高級設施的度假休閒飯店，假設服務人員儀態不佳、禮貌不周到，那麼業者所強調的高級並不

符和消費者對於人員服務品質的期待。服務人員的專業服務訓練，已成為服務領域中各個企業、組織確保品質的首要任務；組織管理者重視人力資源規劃，對於人員服務專業的培養，面對突發事件如何反應，及了解如何處理消費者不滿與抱怨，在在影響服務傳遞過程品質的維繫。傳遞服務的人員表現不佳，消費者不會認為那是人員個人問題，而會將缺失歸咎於組織的管理不善所致，所以組織必須爭取優秀人員，在人員訓練投入成本施予完善的專業識與技能的訓，提供工作表現的激勵、留用適當的人員、晉升與願景，才能成為組織有效的資產（Parsuraman & Berry，2013），也是服務業提升服務品質並增加市場競爭優勢的重要關鍵。

6. 服務流程（Processes）

　　服務流程管理的目的，是要確保服務在傳遞過程保持品質的可用性、一致性與穩定性；如果服務流程缺乏管理，就無法在服務提供與消費者需求間取得平衡，組織也不可能有效調整消費者需求高、低峰時人員的配置與利用。服務品質是否優質，服務傳遞過程的影響對非常重要，因為無形的服務，品質判斷來自於消費者主觀感知，服務體驗過程的每個環節的注重，就顯得更加重要。大多數服務提供者會根據服務產品特性，設計相應的流程與服務傳遞過程的細節，設定服務人員角色扮演，與服務品質相關訓練（口語表達、禮貌、儀態），並不斷演練，目的就是要確保服務傳遞的過程，服務品質持續維持在標準及穩定的狀態。

7. 外在環境（Physical Evidence）

　　服務傳遞過程的有形因素，會影響消費者的滿意度，其他外在的有形支持設施也能增加服務本身的價值與價格；支持服務的外在有形因素所以重要，是因為這些因素可以形塑消費者對企業或組織的第一印象，或是改變既定的刻板印象；增加消費者感官、知覺的刺激，影響消費者服務體驗後的感知判斷；例如設施的質感、人員的專業服務，可增加消費者對於品質的信任。服務是抽象、無形的，消費者依據服務傳遞過程中相關因素影響，最終感知來決定服務品質的好、壞；若是，開放式廚房中廚師的白色圍裙有黑色汙漬？號稱五星級設施飯店房間裡枕頭上，躺著一根可能是上

一位房客的頭髮？高級餐廳桌上的酒杯杯口，留著一雙性感的唇印？這些傳遞服務過程中的有形設施與環境，的確影響服務體驗感知。由於服務本質是無形的，也必須藉著有形的設施、外在環境元素的支持來增強消費者服務體驗感知，大多數服務提供者，因此對可能影響的相關有形元素設計更加用心。以海底撈餐廳為例，對於排隊等待用餐等候區的設計，有修甲服務、桌遊、按摩椅等打發時間的服務提供；等待過程渴了、餓了，還有餅乾、飲料、冰淇淋可供使用，著實消弭消費者因等待產生不耐，且提供了而特殊的服務體驗。

第二節　發展服務管理策略

　　鼎泰豐食物好吃不在話下，旗下服務人員工大多能操一國以上外國語，除了本國消費客人，對於國外慕名地而來的顧客，服務品質相對其他同質餐飲業，有著絕對優勢的競爭力；海底撈火鍋食材並沒有多麼不同於其他同業，但肉麻貼心卻不做作的服務，卻是他們品牌的特色。這些例子都清楚說明，不論處於什麼樣的競爭市場，所有經營都必須定位清楚，以明確的經營模式與策略的引導，與競爭對手做出區隔，使服務之於消費者而言，不僅僅只是抽象名詞的描述，而是一種真真實實讓人回味再三的感動。

一、強化服務績效表現

　　人員專業的訓練與評鑑、適當授權、績效獎勵是決定服務人員工作績效表現的三個重要關鍵。

1. 人員訓練與評鑑（Training）

　　服務人員的專業的訓一直以來都被認為是提高服務品質的重要因素。服務人員訓練強度與服務品質程度之間有正相關，經過有效專業的職能訓練，具備良好有禮的儀態、語言溝通的表達能力、熱誠的工作態度及熟練的作業流程等，這些加強服務人員工作上的整體能力的訓練，就能在專業展現工作績效。另外評鑑能維持能與學習成果，評鑑的目是為了解接受訓

練或學習的人，在學習後於執行任務時所展現的效果，持續維持或更佳的工作表現（Astin,2012）；為維持優質服務及安全品質的企業形象，服務人的評鑑與考核，新進人員到年資組員沒有例外，新進人員的職能評鑑、線上人員職能考核，都是服務業維持競爭力的有效工具。

2. 適當授權（Empowerment）

組織管理者能夠適當且充分授權，代表第一線服務人員擁有足夠的自主權，如同前面所談到的賦權，可以讓服務人員應付不預期的問題和挑戰，有更多的資源處理問題。賦權也能激勵員工，並減少對組織的依賴，提高服務效率，並在工作中創造更大的成就感或滿意度。工作任務的執行被賦予權力，與個人忠程度表現被認為是有相關的，也就是執行這項工作時個體認知是否被認同、被肯定。賦權提升工作上的自主能力與自信，影響個人對工作的履行，或決定如何完成工作的能力；個體是否對獨力完成工作有信心，已具備完成該項工作需要的能力。賦權可以左右個人對工作內容的影響力，也就是個體對其工作或環境直接影響的程度，對組織成員而言，感受到被支持的同時，更能激勵工作士氣、創造成就感。

3. 獎勵制度（Rewards）

服務人員的工作績效表現優良，就應該得到適當的獎勵，獎勵的定義並不專指是金錢的獎勵，還包括對生涯規劃的鼓勵，如升遷獎勵，也是對人員工作績效表現能力認同的表示，同時也能讓員工對組織產生十足的認同，進而產生更多正面的動能。

二、消費者服務整合

提出消費者服務計畫，並確保組織的所有單位、部門，都能收到明確、一致的消費者服務訊息。組織對消費者服務計畫中的任務說明中，從上到下都能如實得到所有資訊，組織管理者也必須提供全面支援（工具、資源和預算），以實施和維持消費者服務計畫。

1. 維持動機

組織管理者的功能是持續關注消費者服務訊息，並強化所有組織成員

對消費者服務的概念。組織所關注的的消費者不僅指購買商品、服務的一般消費者（外部消費者），還有一種是指內部消費者，也就是所有的組織成員，管理者一定要像了解外部消費者一樣，也必須清楚內部消費者的需求與期待，才能激起提升績效表現的動機。內部消費者與外部消費者對於組織而言同樣重要，組織成員工作士氣低落，缺乏進步的動機，這些狀態都直接反應在工作績效表現，沒有進步動機的組織成員，如何能提升外部消費者的購買動機？透過持續有效的溝通了解內部消費者需求與期待，和改善與獎勵與晉升制度，會是維持組織成員前進動力的有效方法。

2. 訊息分享

　　組織、企業根據管理需要，會依功能劃分不同的單位、部門，組織的發展應該是各單位共同努力的目標，但有時因為本位主義思考，讓原來應該為各單位共同分享的訊息，在彼此競爭的狀態下成為進步的阻礙。消費者產生不滿、抱怨時，無法即時、有效為其解決問題，導致問題無法獲得解決，造成消費者不滿情緒的延遲，最後降低再購意願；消費者服務的相關訊息，必須是透明、一致的被傳遞，組織的所有成員接收訊息無時差，才能在提供消費者問題解決時，獲得各個相關單位、部門最即時的協助。

3. 評估消費者服務計畫

　　組織的各個單位部門，可能直接、間接與消費者服務提供有相關，組織應依據不同相關業務，設計消費者服務計畫，也應在不同相關服務計畫上進行評估。例如人資部門新進人員的職前訓練、資訊管理部門消費者服務資訊的收集、客服部門消費者抱怨處理等。組織管理者需要根據最新的評估方式，對現處的消費市場持續觀察，評估、衡量計畫是否仍然能滿足消費者的需求？或是否需要針對缺失調整更新或全面改善。

三、創造友善環境

1. 提供即時服務

　　服務業提供的商品就是服務，所以服務提供過程能滿足消費者需求，就會影響消費者對品質好、壞的感知；服務品質好、壞，並不是誰說了

算，必須是消費者體驗後的感知判斷。標準化的服務在購買商品時就能預期，但這項標準服務是不是給的即時、給得恰到好處，或是標準服務提供被延遲，都會讓消費者有不同的感受。

2. 出現問題前發現問題

我們常常聽到杜漸防微、預防勝於治療等類似的詞語形容，就是要避免問題發生前，就發現問題，若問題真正發生，也可以將影響的程度降至最低。「傾聽」消費者的聲音用心了解消費者需求，可以了解確實需要改進的地方，是了解消費者需求與期待的指標，也是預防潛在問題發生的最佳方法。

3. 顯示對顧客的關注

服務業中服務的對象是人，人與人溝通交流過程是否受到對方關注，是延續交流的重要因素。在一家知名咖啡連鎖店買了一杯大杯熱拿鐵外帶，接過咖啡後轉身一個不小心手滑沒拿穩，紙杯應聲掉在地上，熱騰騰的咖啡瞬間灑了一地，正愁該怎麼善後時，一位服務人員迎面向我跑來，帶著擔心的表情，第一句話就是說：「還好嗎？有沒有燙著？」另一位服務人員帶著清潔用具，立刻清理我剛才打灑的咖啡，沒多久，一杯重新打好的熱拿鐵送到我面前，服務人員說：「這杯是剛做好的，還有點燙，請小心！」我聽到他這麼說，除了感覺溫暖，還夾雜著製造別人困擾的罪惡感。收取市場較高的價格，賣的不只是咖啡的美味，服務品質的價值就藏在裡面。

4. 化被動為主動

服務人員有時會害怕處理消費者抱怨，除了相關職能訓練不足，組織缺乏支持與賦權，都是造成服務人員處理消費者抱怨卻步的原因；大部分的抱怨，服務人員通常是在被消費者投訴或抱怨後被動的處理，非因主動詢問需要改進之處發覺。主動與被動之間對消費者而言，意味者關心和應付兩種截然不同的感覺認知，因為主動伸出雙手，才有製造友善環境的機會。即時的服務對恢復消費者信心很重要，處理得當與否，關乎消費者因為滿意而繼續回頭，滿意的消費者，會將他們「愉快」的消費經驗口耳傳

播給其他消費者；服務品質管理是一個持續不斷的動態挑戰，也許你無法滿足所有的消費者需求和期待，但可以利用主動積極且適當的方式，增加消費者對組織的正面評價，減少商譽損害的風險

四、建立管理者的控制

　　大部分的管理者應用控制管理主要重點，是要辨識問題的重要程度，確認重要問題的優先順序，以便找出最適當的解決方式。品質管理改善的過程會受到許多可變因素的影響，可變因素通常會改變結果，所以可變因素就成為影響品質最重要的變數，因此控制過程中的可變因素，就能穩定產出的結果。控制主要變數可以讓管理者清楚了解在資源分配的優先順序，而品質管理要包含幾項控制：

1. 設定控制

　　經過設定控制，並不斷循環操作測試，讓流程運作會表現更穩定且有更高的績效表現；在操作整個生產過程之前，做好控制設定，準確的設定，將對生產操作程序提供更高效率。

2. 時間控制

　　這個步驟是要透過時間控制來提升品質效率，在生產製造過程中原料耗損補充、操作防護用具的穿戴、設備儀器使用前熱機運轉等，都是商品、服務製造過程中，可以預知的時間耗損；藉由時間的控制管理，對可預期因素了解評估後，為節省時間與加強流程便利性提供更有效的方法。

3. 組合控制

　　組合控制關注的是影響品質的重要可變因素的組合成分，像是連鎖餐廳的食材、設備、標準流程等；組合控制的設計其中包含與實際供應商的連繫，當商品、服務內容遇到改變或提升時，組合成分的控制規劃就必須與食物供應商共同參與，才能確保商品、服務品質達成一致。

4. 人員控制

　　人員是執行商品、服務傳遞的媒介，在這個傳遞過程，商品、服務的品質好、壞取決於和人員的專業知識與技能的運用。人員控制的管理強調

的是工作人員的職能的維持，以及人員的績效與品質的評鑑，以減少商品、服務的傳遞過程，因為缺失與錯誤所產生的消費者不滿與抱怨。

5. 資訊控制

資訊控制是專業製造生產過程重要的工具，對於商品、服務製造過程中訊息頻繁變化，必須藉由資訊的收集、分析管理做有效的控制；因為市場變化使得相關訊息不斷的改變，組織控制管理將收集到所有訊息集中，經過資訊管理系統處理，找出改變或最新資訊，根據所需提供組織更精確、有效的資訊。管理者對品質管理控制的決策，必須是根據組織需求做出最適當的決定，對於品質控制與管理，站在較客觀的角度判斷，針對重要的影響因素做出關鍵決定，在這之前必須對重要、關鍵因素設定標準與定義。資訊收集系統管理必須確認，收集的各種訊息也必須符合消費者需求，管理者在定義關鍵重要影響因素並做出決策後，後續於執行過程中，透過商品、服務生產過程，不斷進行週期性監督控制，持續維持品質符合消費者需求。

五、品質報酬率（Return on Quality）

品質報酬率是一種計算品質投資回收或品質報酬（ROQ）的概念，改善商品、服務品質的相關費用，能夠與組織其他投資規劃，一樣被視為可回收的資產項目，在組織發展時做必要投資評估。ROQ的概念認為，改善服務品質是組織提供服務過程中的一種持續性投資，因為實際提供服務，要透過消費者感知判斷，才會了解該項服務商品，是不是能滿足消費者需求與期待，持續不斷的改善是必經過程；消費者對於不滿不一定會給予實質改善的建議，也必須仰賴與消費者實際接觸的服務人員，在服務傳遞過程中，與消費者互動的所有訊息回饋，會是服務品質改善的最好依據，根據這些有效依據投入改善的費用或支出，都有助於組織未來的收益與商譽提升。

Boulding, Kalra, Staelin, and Zeithaml（1992, 1993）對服務品質和消費者行為意圖的研究中，發現服務品質對回購意願與商品推薦意願之間產

生正相關。總體而言，服務品質與組織績效之間，有著顯著相關的數據越來越多，學術開始研究行銷策略與跨部門間利潤影響（PIMS），探討組織行銷與策略變數之間的關係（Buzzell & Gale，1987），和服務品質的提升與改善，對於組織財務運作的發展影響。消費者對品質滿意與否的因素，與傳遞過程的滿意度在許多統計數據中彼此相關，消費者整體滿意度又與消費者忠誠度、市場佔有率和營收績效無法分割，這些相關因素也決定了品質改善對組織經營效益的評估。

六、服務品質改善管理

1. 品質改善制度化

　　品質改善的第一步要根據消費者需求與期待，作為組織服務品質修正的依據，在收集所需的資料，按照消費者需求權重順序進行調整，最後將程序制度化，作為組織日後操作、執行的依據。例如消費者等待時間，包括客滿等待，商品、服務製作時間的等待，根據消費者意見訂定合理的標準（消費者等待可以忍受的範圍，與商品、服務製作基本所需的時間）；標準、規範制定後，必須依實際狀況不斷演練，訓練服務人員達成該項該服務品質標準的要求，並定期檢視人員表現績效。第二個步驟是徵求第一線服務人員的意見，為實際工作中遇到可能影響品質的任何因素，提出可能的解決方法（因為只有第一線服務人員，最了解實際操作服務流程時會遇到甚麼樣的問題）；更可以鼓勵發想更多改善服務品質的新構想，再將可行的構想化為具體行動，提升、改善服務品質外，還能增加組織成員對工作的參與度和成就感。

2. 組織管理者的努力

　　服務品質的改善，不僅關注消費者的意見與抱怨、第一線服務人員實際操作問題的改善，組織管理者也必須為改善品質作出的努力。服務品質改善對組織而言，是一個必須隨著時間、消費者需求改變隨之調整的工作，一個好的管理者，必須讓組織有達成滿足消費者對服務品質需求的能力，持續不斷在市場中維持最佳狀態。許多時候，管理者不只要為組織訂

定營運策略，警覺市場變化維持服務品質最佳狀態，各單位部門間的鼎鼐調和，所有的努力都是為了達成組織對消費者做出品質承諾。

3. 檢視服務知識、技能的發展

　　改善服務品質需要相關組成員，具有同樣為組織改善服務品質的意願，也就是前面提到人員工作中的參與感與成就感，組織提供人員改善服務品質的刺激與動機；同時，要使服務人員具備有效的執行力，人員的執行力建立在專業知識與服務技能的掌握，服務人員的專業能力就是消費者判斷品質的其中一個重要因素。因為服務品質是隨著時間會不斷的變化，基本專業必須熟練，新的技能與知識要不斷的學習；網路平臺在被廣泛使用前，傳統服務品質改善的模式，對於現在的環境而言，就必須在既有的觀念中，注入新概念、新方法學習，才能在變化的市場中，利用有效的知識、技能與工具，改善服務品質的速度能跟上消費者滿意與需求的變化。

4. 連結所有品質改善環節

　　服務標準被建立後，組織服務品質改善的整體表現，必須持續檢視是否達到標準，對於人員優異的表現，也要依照激勵措施給予獎勵，持續維持組織成員提升服務品質的動機。服務商品品質的改善，每一個環節都非常重要，第一線人員傳遞服務的過程與其態度、專業都有密切的關係，而人員維持高功與強烈動機，並非單靠一人、一部門單打獨鬥可以達成；必須靠組織其他相關單位功能協助，管理者必須要有能力，聯結所有影響品質改善功能的單位，使其相互配合避免本位主義產生掣肘，改善工作才能畢其功於一役。

七、服務關係管理

　　社會交換理論認為，關係管理中雙方關係的建立，是為消除不確定性的問題與障礙，表明對彼此關係努力的承諾，在互惠和公平的原則下來促進溝通交流。關係管理對品質關係的重要性是有跡可的，銷售行為積極的表現，建立在彼此間信賴合作的基礎上，增加與消費者接觸的強度，這些行為表現就是消費者品質管理的關鍵（Crosby，1990）。關係管理是指

交流的的雙方，為彼此的關係積極維持和往來密切，而做出正面且有利於關係經營的行為意向，關係管理是維持關係的有效行為、方法的結合。

　　服務提供者與消費者間的關係管理，最重要的部分就是提供服務的接觸過程，服務接觸是服務傳遞過程中，消費者與服務人員兩者互動作用的結果，影響消費者滿意度對服務品質的判斷（Bowden & Schneider，1988）。服務接觸的定義並不僅限於消費者和服務人員間的人際互動，也可能發生在消費者使用各種設施或儀器的過程，像是藉由電話與客服人員溝通，不限於實際單一的互動，是消費者與提供服務者所屬群體的接觸（Danaher & Mattson，1994），服務接觸感知也是服務感知的一部份，也會影響消費者對服務品質的判斷（Rosby & Stephens，1987）。

八、建立核心服務價值

　　服務的本質就是建立核心服務價值，核心服務本身具有感知、多元素有型組合的品質特徵，如服務傳遞過程中服務人員的態度、設施的明亮、環境的整潔；核心服務的品質影響著消費者對服務品質的感知（Schneider & Bowen，1995）。核心服務也就是服務的本質，無論提供何種服務功能，都和如何提供服務同樣的重要（Rust & Oliver，1994）。服務業提供的服務商品，除了商品具備的核心服務，通常搭配著服務傳遞的方式、服務流程的設計和相關設施組合，構成服務商品整體架構，卻也讓組織可能忽略核心服務的本質。比如說號稱五星設施的飯店，人員的服務品質卻連三顆星的水準都無法做到；優美的庭園造景，加上浪漫的音樂餐廳，但搭配口味不佳的餐食，顯然不太了解服務核心與服務設施權重的優先順序。

九、維持競爭優勢

　　自由市場中商品、服務是否受到大眾歡迎，比的是競爭優勢，也就是在同一個市場裡，要比競爭對手更能滿足消費者需求；因此，提高市場競爭優勢就是必然的手段，而提高競爭優勢有幾個方向：

1. 成本優勢

組織取得較低於競爭對手的成本，相同的銷售量卻有較高的利潤，從生產成本中獲得競爭優勢；航空產業在這二十年的經營模式產生不小變化，廉價航空的崛起，便是採取低成本優勢策略，減少營運費用、降低票價的方式，因此成功吸引消費者。

2. 品質優勢

採取品質作為競爭條件時，商品、服務的價值通常比價格更為重要，在提供服務行銷、設計規劃時，商品的價值是傳達的重點，組織對於消費者價值需求有著敏銳的觀察，並清楚地傳達他們如何達到或超過客戶利益的期望；例如，若大部分的潛在消費者在乎的是服務傳遞過程的品質，低價就不會是其考量的第一要素。提供高於競爭對手的服務品質，也藉此做出有別於競爭對手的市場區隔，優質的服務可以為商品帶來附加價值，並能提高商品、服務的售價（Poter，1980），以優越服務品質，創造價值，提高市場競爭優勢。夜市一盤蛋炒飯，好吃不輸鼎泰豐的蛋炒飯，但是之間價差有數倍，這樣的例子也就很清楚能解釋，創造服務品質的價值，是在現今消費市場維持不敗且被奉行圭臬的重要準則。

人類溝通訊息的模式，在資訊革命的推波助瀾下產生巨大改變，訊息傳遞的速度百倍於以往，可預知的未來，商業活動的競爭武器就是商品、服務的品質（Oakland，2014），企業、組織要發展，對於服務品質的監督與管理，無人能置身事外。所有與人相關的事務都無法以絕對相同的標準待之，必須視需要找到最有效的方式；管理亦然，成功的組織發展沒有標準模式，只有找出最適當的工具和方法並解不斷修正，服務品質才可以被有效維持，也才能在多變的市場競爭下永續發展。

參考資料

1. Health Care Quality Management: Tools and Applications.
   Thomas K. Ross. (2014)
   Jossey-Bass A Wiley Brand. (2014)
2. The Process Approach to Service Quality Management
   Kamila Kowalik, Dorota Klimeck-Tatar. (2013)
3. Consumer Satisfaction with the Quality of Logistics Services.
   Ieva Meidutė-Kavaliauskienėa, Art ras Aranskisa, Michail Litvinenko. (2014)
   Contemporary Issues in Business, Management and Education. (2014)
4. Service Logic Revisited: Who reates value? And who co-creates?
   Christian Grönroos. (2008)
   European business review. (2008)
5. Value co-creation in service logic: A critical analysis.
   Marketing Theory. (2011)
   Christian Grönroos. (2011)
6. Demystifying the Institutional Repository for Success
   Marianne Buehler. (2013)
   Chandos Puvlishing. (2013)
7. Customer repurchase intention.
   Phillip K. Hellier, Gus M. Geursen, Rodney A. Carr, John A. Rickard. (2003)
   European journal of marketing. (2003)
8. The value concept and relationship marketing
   Annika Ravald, Christian Grönroos. (1996)
   European Journal of Marketing. (1996)
9. Quality Services and Experiences in Hospitality and Tourism.
   Liping A. Cai, Pooya Alaedini. (2018)
   Emerald Publishing. (2018)
10. ACCA Essentials P3 Business Analysis Revision Kit. (2016)
    BPP Learning Media. (2016)

11. The Theory of Culture-Specific Total Quality Management: Quality Management in chiese regions.

    Carlos Noronha. (2002)

    Palgrave Macmillan. (2002)

12. Service Quality: Research Perspectives.

    Benjamin Schneider, Susan S. White. (2004)

    Sage Publications. (2004)

13. Total Quality Management:Guiding Principles for Application

    Jack P. Pekar. (1940)

    ASTM manual series. (1995)

14. Quality Management for Organizational Excellence.

    David L. Goetsch, Stanley Davis. (2009)

    Pearson Higher Education. (2010, 6th Edition)

15. When are technologies disruptive? A demand based view of the emergence of competition

    Ron Adner. (2001)

    Strategic Management Journal. (2002)

16. SERVQUAL: A Multiple-Item Scale for Measuring Consumer Perception of Service Quality.

    A Parasuraman, VA Zeithaml, LL Berry. (1988)

    Journal of retailing. (1988)

17. Services Marketing

    Ravi Shanker. (2002)

    Excel Books.(2002)

18. Operations Management in the Travel Industry

    Peter Robinson. (2009)

    CAB international. (2009)

19. Consumer perceived value: The development of a multiple item scale

    Jillian C. Sweeneya, Geoffrey N. Soutarb. (2001)

    Journal of Retailing. (2001)

20. SERVPERF Versus SERVQUAL: Reconciling Performance-Based and Perceptions-Minus-Expectations Measurement of Service Quality.
Steven A. Taylor, J. Joseph Cronin, Jr. (1994)
Joumal of Marketing. (1994)

21. Service Quality: New Directions in Theory and Practice Roland T. Rust, Richard L. Olive. (1994)
Sage Publications. (1994)

22. SERVICES MARKETING 3E.
Rajendra Nargundkar. (2008)
Tata McGraw Hill Education Private Limited. (2010. 3th Edition)

23. Satisfaction: A Behavioral Perspective on the Consumer.
Richard L. Oliver. (2014)
Routledge. (2015. 2th Edition)

24. An Assessment of The Relationship Between Service Quality and Customer Satisfaction in The Rormation of Consumers' Purchase Intentions.
Steven A. Tayor, Thomas L. Baker. (1994)
Journal of retailing. (1994)

25. Delivering Satisfaction and Service Quality: A Customer-based Approach for Libraries Peter Hernon, John R. Whitman. (2001)
American Library Association. (2001)

26. Return on Quality (ROQ): Making Service Quality Financially Accountable.
Roland T. Rust, Anthony J. Zahorik, Timothy L. Keiningham. (1995)
Journal of Marketing. (1995)

27. Whence Consumer Loyalty?
Richard L. Oliver. (1999)
Journal of Marketing. (1999)

28. Measuring Customer Satisfaction: Exploring Customer Satisfaction's Relationship with Purchase Behavior.
Tim Glowa. (2014)
BooBaby. (2014)

29. Does customer satisfaction increase firm performance? An application of American Customer Satisfaction Index (ACSI).

Kyung-A Suna, Dae-Young Kim. (2013)

International Journal of Hospitality Management. (2013)

30. Customer Satisfaction Evaluation: Methods for Measuring and Implementing Service Quality Evangelos Grigoroudis, Yannis Siskos. (2009)

Springer Science & Business Media. (2010)

31. Service Quality in Leisure, Events, Tourism and Sport, 2nd Edition John Buswell, Christine Williams, Keith Donne, Carley Sutton. (2016)

CABI International. (2016. 2th Edition.)

32. A Cognitive Model of the Antecedents and Consequences of Satisfaction Decisions.

Richard L. Oliver. (1980)

Journal of marketing research. (1980)

33. The Effect of the Servicescape on Customers' Behavioral Intentions in Leisure Service Settings

Kirk L. Wakefield, Jeffrey G. Blodgett. (1996)

The Journal of Services Marketing. (1996)

34. Delivering Excellent Service Quality in Aviation: A Practical Guide for Intermal and External Service Providers.

Kossmann, Mario. (2006)

Routledge. (2017)

35. A Structural Analysis of Value, Quality, and Price Perceptions of Business and Leisure Travelers.

Kashyap, Rajiv, David C. Bojanic. (2000)

Journal of travel research. (2000)

36. Disconfirmation of Equity Expectations: Effects on Consumer Satisfaction with Services

Fisk, Raymond P., Clifford E. Young. (1985)

ACR North American Advances. (1985)

37. Delivering Quality Service

Valarie A. Zeithaml, A. Parasuraman, Leonard L. Berry. (1990)

Balancing Customer Perceptions and Expectations. Simon and Schuster. (1990)

38. Customer Satisfaction Evaluation: Methods for Measuring and Implementing Service Quality

Evangelos Grigoroudis, Yannis Siskos. (2009)

Springer Science & Business Media. (2009)

39. Measuring Service Quality - A Reexamination and Extension

Journal of Marketing. (1992)

Cronin Jr, J. Joseph, Steven A. Taylor. (1992)

40. Service Quality: New Directions in Theory and Practice.

Roland T. Rust, Richard L. Oliver. (1993)

Sage Publications. (1994)

41. Management Theory and Total Quality: Improving Research and Practice Through Theory Development.

Dean Jr, James W., David E. Bowen. (1994)

Academy of management review. (1994)

42. Service Quality Perceptions and Patient Satisfaction: A Study of Hospitals in a Developing Country.

Social Science & Medicine. (2001)

Andaleeb, Syed Saad. (2001)

43. Service Quality and Satisfaction: The Moderating Role of value.

Caruana, Albert, Arthur H. Money, and Pierre R. Berthon. (2000)

European Journal of marketing. (2000)

44. E-Service Quality: A Model of Virtual Service Quality Dimensions.

Santos Jessica. (2003)

Managing Service Quality: An International Journal. (2003)

45. Fundamentals of Management: Essential Concepts and Applications.

Stephen P Robbins, David A. DeCenzo, Mary A. Coulter. (2008)

Pearson Education Limited. (2017 10TH Edition.)

46. Total Quality Management

Poorinma M. Charantimath. (2006)

Dorling Kindersley. (2006)

47. Managing Service Operations: Design and Implementation

Bill Hollins, Sadie Shinkins. (2006)

Sage. (2006)

48. Total Quality Management: Proceedings of the First World Congress.

Gopal K. Kanji. (1995)

Spinger Science & Business Media. (2012)

49. Armstrong's Handbook of Human Resource Management Practice.

Michael Armstrong, Stephen Taylor. (1977)

Kogan Page Publishers. (13th Edition. 2014)

50. Management: The Essentisla.

Stephen Robbins, David De Cenzo, Mary Coulter, Megan Woods. (2013)

Pearson Australia. (2014)

51. Total Quality Management.

Raj Bala Sharma. (2015)

Laxmi Book Publication, Solapur. (2015)

52. Benefits, obstacles, and future of six sigma approach

Kwak Young Hoon, Frank T. Anbari. (2004)

Technovation. (2006)

53. Is Health Care Ready for Six Sigma?

Mark R. Chassin. (1998)

The Milbank Quarterly. (1998)

54. Quality Management in Service Firms: Sustaining Structures of Total Quality Service.

Gupta Atul, Jason C. McDaniel, S. Kanthi Herath. (2005)

An International Journal. (2005)

55. Managing for Quality and Performance Excellence.

Evans James R, William M. Lindsay. (2013)

Cengage Learning. (2013)

56. Validating key results linkages in the Baldrige performance excellence model.

James R Evans, Eric P. Jack. (2003)

Quality Management Journal. (2003)

57. Quality Improvement: Science and Action.

Circulation. (2009)

Henry H. Ting, Kaveh G. Shojania, Victor M. Montori, Elizabeth H. Bradley. (2009)

58. Baldrige 20/20 An Executive's Guide to the Criteria for Performance Excellence.

Schaefer Christine. (2011)

With Forewords by Rosabeth Moss Kanter and Gregory R. Page.

Baldrige Performance Excellence Program National Institute of Standards and Technology U.S. Department of Commerce. (2011)

59. Introduction to Total Quality.

Goetsch, David L., and Stanley B. Davis. (1997)

New Jersy, Prentice Hall. (1997)

60. Deming's 14 Points for Management: Framework for Success.

Henry R. Neave. (1987)

Journal of the Royal Statistical Society. Series D (The Statistician), Industry, Quality and Statistics (1987)

61. Defining and Measuring the Quality of Customer Service.

Barbara R. Lewis, Vincent W. Mitchell. (1990)

Marketing intelligence & planning. (1990)-

62. Total Quality Management in Services: Part 3: Distinguishing Perceptions of Service Quality

John A. Dotchin, John S. Oakland. (1994)

International Journal of Quality & Reliability Management.

63. Total Quality Management in Services: Part 1: Understanding and Classifying Services

John A. Dotchin, John S. Oakland.(1994)

International Journal of Quality & Reliability Management.

64. Customer Care Excellence: How to Create an Effective Customer Focus.

Sarah Cook. (1997)

Kogan page publishers. (2011. 6th Edition.)

65. Key Performance Indicators: Developing, Implementing, and Using Winning KPIs

David Parmenter. (2015)

John Wiley & Sons. (2015)

66. The Balanced Scorecard: Measures that Drive Derformance.

Robert S Kaplan, David P. Norton. (1992)

Harvard Business Rewiew. (1992)

67. Fundamentals of Human Resource Management, Binder Ready Version.

David A. DeCenzo, Stephen P. Robbins, Susan L. Verhulst. (2016)

John Wiley & Sons. (2016)

68. Staff's Performance Appraisal: The Case of Lebanese Private School Principals Through Teachers' Perception.

Khalil Al-Jammal. (2012)

International Journal of Management Research & Review.

Ijmrr. (2012)

69. Applied Human Resource Management: Strategic Issues and Experiential Exercises.

Kenneth M. York. (2010)

Sage Publication. (2010)

70. Recruitment and Selection in Canada.

Victor Michael Catano. (2009)

Cengage Learning. (2009)

71. Assessment Centers in Human Resource Management Strategies for

服務品質與管理

Prediction, Diagnosis, and Development.

George C. Thornton III, Deborah E. Rupp. (2006)

Psychology Press. (2006)

72. The Impact of Human Resource Management Practices on Turnover, Productivity, and Corporate Financial Performance.

Mark A. Huselid. (1995)

Academy of Management Journal (1995)

73. Human Resource Management: Gaining a Competitive Advantage.

Raymond A. Noe, John R. Hollenbeck, Barry Gerhart, Patrick M. Wright. (2008)

McGraw-Hill Education. (2017)

74. Human Resource and Personnel Management.

K. Aswathappa. (2005) 4th Edtiton

Tata McGraw-Hill Education. (2005)

75. A Quarter-Century Review of Human Resource Management in the US: The Growth in Importance of The International Perspective.

Randall S Schuler, Susan E. Jackson. (2005)

Management revue. (2005)

76. Service Quality and Human Resource Management: A Review and Research Agenda.

Tom Redman, Brian P. Mathews. (1998)

Personnel Review. (1998)

77. Oakland on Quality Management

John S Oakland. (2004)

Routledge. (2012. 3rd Edition.)

78. Services Marketing.

Ravi Shanker. (2002)

Excel Books India. (2002)

79. Consumer Behaviour.

Zubin Sethna, Jim Blythe. (2016)

Sage. (2016. 3th Edition)

80. Juran on Quality by Design: The New Steps for Planning Quality into Gooks and Serivces.

   Joseph M. Juran. (1992)

   Juran Institute. (1992)

81. Developing Buyer-Seller relationships.

   Dwyer F. Robert, Paul H. Schurr, Sejo Oh. (1987)

   Journal of Marketing. (1987)

82. Competitive Viability in Banking: Scale, Scope, and Product Mix Economies

   Allen N Berger, Gerald A. Hanweck, David B. Humphrey. (1987)

   Journal of monetary economics. (1987)

83. The Service-Quality Puzzle

   Leonard L. Berry, Anantharanthan Parasuraman, Valarie A. Zeithaml. (1998)

   Business horizons. (1988)

84. Service Quality, Profitability, and the Economic Worth of Customers: What We Know and What We Need to Learn.

   Valarie A. Zeithaml. (2000)

   Journal of the Academy of Marketing Science. (2000)

85. Determinants of Assessing the Quality of Advertising Services - The Perspective of Enterprises Active and Inactive in Advertising

   Robert Nowackia, Tomasz S. Szopi skia, Katarzyna Bachnikb. (2018)

   Journal of Business Research. (2018)

Note

國家圖書館出版品預行編目資料

服務品質與管理／曾啟芝著. －－初版.－－
臺北市：五南，2019.11
　面；　公分
ISBN 978-957-763-578-5（平裝）

1.服務業管理　2.品質管理

489.1　　　　　　　　　108012852

1L96 觀光系列

服務品質與管理

作　　　者 ― 曾啟芝

發 行 人 ― 楊榮川

總 經 理 ― 楊士清

總 編 輯 ― 楊秀麗

副總編輯 ― 黃惠娟

責任編輯 ― 高雅婷

封面設計 ― 王麗娟

出 版 者 ― 五南圖書出版股份有限公司

地　　　址：106台北市大安區和平東路二段339號4樓

電　　　話：(02)2705-5066　傳　真：(02)2706-6100

網　　　址：http://www.wunan.com.tw

電子郵件：wunan@wunan.com.tw

劃撥帳號：19628053

戶　　　名：五南圖書出版股份有限公司

法律顧問　林勝安律師事務所　林勝安律師

出版日期　2019年11月初版一刷

定　　　價　新臺幣380元